Das vorliegende Arbeitsheft ist für Auszubildende in den *neu geordneten Ausbildungsberufen Fachlagerist und Fachkraft für Lagerlogistik* erstellt und soll das im selben Verlag erschienene *Fachbuch, Gehlen 00360, Logistische Prozesse,* ergänzen.

Das Arbeitsheft ist so aufbereitet, dass es von der Lehrkraft zur Erarbeitung des Unterrichtsstoffes wie auch zur Lernzielsicherung des vermittelten Wissens eingesetzt werden kann. Es kann aber auch zur selbstständigen Erarbeitung, zur Wiederholung und Vertiefung des Lernstoffes genutzt werden.

Das Arbeitsheft deckt *weitgehend die Inhalte der Lernfelder 1 bis 11 der neuen KMK-Rahmenlehrpläne* ab. Damit dient die Erarbeitung der Arbeitsblätter auch als Vorbereitung auf die Abschlussprüfung in beiden Berufen.

Die im Arbeitsheft verwendeten unterschiedlichen Aufgabenarten sollen bei der Bearbeitung die Methodenkompetenz erhöhen und den Auszubildenden ein abwechslungsreiches Arbeiten ermöglichen. Neben offenen Fragen sind Rechenaufgaben, Multiple Choice, Zuordnungsaufgaben, Reihenfolgeaufgaben, Kreuzworträtsel und Silbenrätsel zu lösen sowie Abbildungen, Schaubilder, Landkarten und Gesetzestexte zu bearbeiten.

Ein Teil der Aufgaben ist ohne Hilfe zu lösen, bei anderen Aufgaben soll das Fachbuch zu Hilfe genommen werden. Vielfach führt auch ein Nachlesen in Gesetzestexten oder der Aufruf einer Internetadresse zur Lösung der Aufgabe. Handlungsorientierung soll zusätzlich auch durch die Bearbeitung praxisnaher Situationsaufgaben gefördert werden.

Das Arbeitsheft ist für Einzel- und Gruppenarbeit gleichermaßen einsetzbar.

Der Einsatz des Arbeitsheftes in der Klasse erspart dem Lehrer Vorbereitungszeit und Kopierarbeit und vermindert für die Schüler die häufig zeitaufwendige Schreibarbeit. Selbstverständlich bleibt es der Lehrkraft überlassen, weitere Schaubilder, Texte, Tabellen, Situationsaufgaben und Themenbereiche in den Unterricht einfließen zu lassen.

Das Autorenteam ist für Anregungen und Kritik dankbar und hofft, Lehrern und Auszubildenden mit dem Arbeitsheft eine Erleichterung in ihrer täglichen Arbeit geschaffen zu haben. Wir wünschen allen einen erfolgreichen Einsatz.

Das Autorenteam

Inhaltsverzeichnis

1 Güter annehmen und kontrollieren

Arbeitsblatt 1: Warenannahme

Bestellte Ware kann auf unterschiedliche Weise angeliefert werden. (Lkw, Paketdienste usw.). Der Käufer ist nach dem BGB verpflichtet, gekaufte Ware anzunehmen, und für Kaufleute gilt eine Pflicht zur unverzüglichen Prüfung der Ware.

→ *Situationsaufgabe:*

Sie arbeiten in einem Großhandelsbetrieb. Die Anlieferung der Waren erfolgt überwiegend mit Lkw. Gerade ist wieder ein Lkw vorgefahren.

1 Bringen Sie die Tätigkeiten in die richtige Reihenfolge, die Sie in Anwesenheit des Fahrers zu verrichten haben!

◯ Quittierung des Empfangs der ordnungsgemäß gelieferten Ware
◯ Auspacken der Waren zum Zwecke der Qualitätsprüfung
◯ Entgegennahme des Frachtbriefes
◯ Übergabe der Ware in den Lagerbereich
◯ Überprüfung der äußeren Beschaffenheit der Kolli
◯ Kontrolle der Anschrift des Empfängers auf dem Frachtbrief sowie der Anzahl der gelieferten Kolli
◯ Kontrolle der Ware auf Menge, Art, Güte und Beschaffenheit

2 Welche Kontrollpapiere können statt des Frachtbriefes vorgelegt werden?

____

3 Wie gehen Sie vor, wenn Sie feststellen, dass ein Packstück stark beschädigt ist?

____

____

____

____

____

____

4 Beschreiben Sie, wie in Ihrem Betrieb der Wareneingang erfasst wird bzw. welche Arbeitschritte durch ihn ausgelöst werden!

____

____

____

____

____

5 Beim zweiseitigen Handelskauf (der Käufer ist auch Kaufmann) ist der Käufer verpflichtet, die Ware unverzüglich zu prüfen.
Die Mängelrüge **gegenüber dem Lieferer** hat spätestens zu erfolgen beim

a) offenen Mangel: ______________________________

b) versteckten Mangel: ______________________________

____

Gegenüber dem Frachtführer sind Transportschäden spätestens anzuzeigen, wenn sie

sofort erkennbar sind: ______________________________

nicht sofort erkennbar sind: ______________________________

Die Überschreitung einer vereinbarten Lieferfrist ist anzuzeigen

____

Die Einhaltung dieser Fristen seitens des Käufers ist deshalb wichtig, weil der Käufer andernfalls

____

6 Bei der Emder Elektrogroßhandels-GmbH wird Ware durch den Spediteur Dollart-Logistik angeliefert. Der Fahrer legt den unten abgebildeten Speditions-Übergabeschein vor.

Dollart-Logistik
Der Logistiker im Norden
Groninger Straße 117–119
26789 Leer (Ostfriesland)

Speditions-Übergabeschein Bl. 1 = weiß = Empfänger, Bl. 2 = grün = Quittung, Bl. 3 = gelb = Spediteur, Bl. 4 = rot = Absender	Sped.-Pos. 12/4588	Datum 15.03.20....
Empfänger: Emder Elektrogroßhandels-GmbH Dollartstraße 33 26723 Emden	Absender: Walther und Krämer KG Haushaltsgeräte Huntestraße 33 28279 Bremen	

Liefer-Schein Nr.	Anzahl	Verpackung	Inhalt	Nettogewicht/kg	Lademittelgewicht/kg	Bruttogewicht/kg
6784	4	Gitterbox-Paletten	Elektro-Haushaltsgeräte	308	340	648

Frankatur	Warenwert/EUR	Nachnahme/EUR	Gefahrgut	Transport-vers./EUR	frei (X) unfrei ( )

Gitterbox/Flachpaletten	Obige Sendung einwandfrei erhalten Ort/Datum/Firmenstempel u. Unterschrift	Besondere Vermerke	
4 Stück getauscht ( ) ja ( ) nein			

a) Welche Positionen sind bei der Warenannahme für die Überprüfung in Anwesenheit des Fahrers von Bedeutung?

___

b) Was hat es zu bedeuten, dass hinter dem Wort „frei" ein Kreuz gemacht wurde?

___

7 Kurz vor Ihrem Feierabend am Freitag trifft ein Lkw mit einer für Ihren Betrieb bestimmten Warenlieferung ein. Wie verhalten Sie sich gegenüber dem Fahrer? ○

(1) Sie verweigern die Annahme der Ware.
(2) Sie verzichten auf eine Kontrolle und lassen den Fahrer die Ware entladen. (Bei diesem Lieferer gibt es erfahrungsgemäß keine Probleme.)
(3) Sie weisen dem Fahrer einen Parkplatz zu, auf dem der Lkw bis zur Entladung am Montag abgestellt werden kann.
(4) Sie führen eine ordnungsgemäße Warenannahme durch und bescheinigen dem Fahrer die Anlieferung der Ware, wenn keine Mängel festgestellt wurden.
(5) Sie kontrollieren auf dem Lkw die Anzahl der Kolli, bestätigen den Empfang auf dem Frachtbrief und sagen dem Fahrer, wo die Ware hingestellt werden soll.

8 Was ist zu tun, wenn bei der Warenannahme festgestellt wird, dass weniger Kolli angeliefert wurden als auf dem Lieferschein ausgewiesen? ○

(1) Annahme der gesamten Lieferung verweigern
(2) Schadenersatz gegenüber dem Lieferer geltend machen
(3) Angelieferte Ware unverzüglich zurückschicken
(4) Vornahme eines Deckungskaufs
(5) Dem Lieferer gegenüber den Mangel unverzüglich rügen

9 In welchem Fall handelt es sich **nicht** um einen Barcode?

a) Strichcode ○
b) Matrixcode ○
c) Stapelcode (PDF) ○
d) Funkcode ○
e) Stapelcode (2 D) ○

10 Worin besteht der Vorteil der RFID-Technik gegenüber den Barcodes?

___

___

___

___

___

Arbeitsblatt 2: Einweg-/Mehrwegtransportbehälter

1 Wenn sich mehrere Versender und mehrere Empfänger verschiedener Branchen an einem Mehrwegsystem beteiligen können, spricht man vom
(1) Pfandsystem
(2) bilateralen Mehrwegsystem
(3) branchenspezifischen Mehrwegsystem
(4) multilateralen Mehrwegsystem
(5) geschlossenen Mehrwegsystem

2 Transportverpackungen können im Rahmen des Pfandsystems mehrfach verwendet werden.
a) Beschreiben Sie den Ablauf bei diesem System!

____

____

____

b) Welche Vorteile bietet dieses System?

____

____

____

3 Es ist auch möglich, dass die MTV gekauft oder gemietet werden.
Welche Möglichkeiten sind bei Warenanlieferung in diesem Fall denkbar?

____

____

4 Bei der Überprüfung von Waren, die auf EUR-Paletten angeliefert wurden, stellen Sie fest, dass eine EUR-Palette starke Beschädigungen aufweist (siehe Abbildung unten!). Wie ist in diesem Fall zu verfahren?

5 Auch Verpackungen, die grundsätzlich nicht für mehrfache Nutzung gedacht sind (Einwegverpackungen), werden häufig weiter genutzt.

a) Nennen Sie Beispiele für eine sinnvolle Verwendung von Einwegverpackungen.

b) Was geschieht in Ihrem Betrieb mit Einwegverpackungen, die nicht mehr verwendet werden können?

6 Sie erhalten eine Warenlieferung in verschiedenen Behältnissen. Im Wareneingangsbereich stehen:

Anzahl	Lieferbehältnis	Verwertung/Entsorgung
1	Einwegpalette, defekt	
4	Spezialbehälter des Lieferers	
5	EUR-Paletten	
2	Holzkisten	

Sie sollen die Leergutrückführung bzw. Entsorgung durchführen. Welche Verwertungs- oder Entsorgungsmöglichkeiten sind sinnvoll? (Ordnen Sie folgende Begriffe zu: Tausch, Rückgabe, Wiederverwendung, Entsorgung)

7 Sie haben eine Warensendung angenommen. Die Waren sind in 5 Gitterboxpaletten verpackt. Das Bruttogewicht der Ware wird im Frachtbrief mit 2,250 t angegeben. Das Eigengewicht einer Gitterboxpalette beträgt 85 kg.

a) Wie hoch ist das Nettogewicht der gesamten Warensendung und pro Gitterboxpalette?

b) Wie nennt man das Verpackungsgewicht (hier: Eigengewicht der Gitterboxpaletten)?

▶ Arbeitsblatt 3: Warenprüfung

Sie haben Waren erhalten, die im Eingangsbereich stehen. Der Frachtführer ist bereits wieder abgefahren. Der Empfang der ordnungsgemäß angelieferten Ware wurde bestätigt. Bevor die angelieferte Ware eingelagert werden kann, soll sie nun stichprobenartig überprüft werden. Dabei sollen die Identität, Quantität, Qualität und Beschaffenheit der Ware kontrolliert werden.

Füllen Sie die Tabelle entsprechend aus!

Prüfungsaspekt	Vorgehensweise	Prüfungsunterlagen	mögliche Mängel
Identität			
Quantität			
Qualität			
Beschaffenheit			

Arbeitsblatt 4: Unfallgefahr

Sie sind bei einem Hersteller für Windkraftanlagen im Lager beschäftigt. Ein Kollege wollte beim Kommissionieren einen Karton aus einem Fachbodenregal entnehmen, in dem sich Metallteile befanden. Da der Karton in einem höheren Fachboden lag, stellte der Kollege eine Leiter lose an das Regal. Beim Herausziehen drohte der Karton dem Kollegen zu entgleiten. Im Bemühen zu verhindern, dass die Teile zu Boden fallen, fing die Leiter an zu schwanken. Schließlich stürzte der Mitarbeiter mitsamt dem Karton zu Boden. Er schrie auf und klagte über Schmerzen, vor allem im rechten Bein.

1 Wie verhalten Sie sich in diesem Fall als in unmittelbarer Nähe stehender Kollege?

2 Wem ist dieser Unfall zu melden und wer muss dies tun? (Gibt es dabei Fristen zu beachten?)

3 Füllen Sie die Unfallanzeige auf der nächsten Seite am 12.03.20.. entsprechend aus! Sie erhielten als Augenzeuge zuerst Kenntnis vom Unfall.
Verwenden Sie beim Ausfüllen die unten stehenden Daten.

Berufsgenossenschaft der Feinmechanik und Elektrotechnik Gustav-Heinemann-Ufer 130 50968 Köln	Windkraft GmbH Brookstraße 47 26607 Aurich Unternehmensnr. 26/0412/817
verletzten Person: Johann Janssen, Fachlagerist seit 09/1998, geb. 12.05.1970 wohnhaft: Dachsstraße 27, 26605 Aurich versichert bei der AOK Aurich	Unfallzeitpunkt: 11.03.20.., 10:30 Uhr J. Janssen erlitt einen Bruch des rechten Schienbeins, er wurde von der Notärztin Dr. Barbara Kruse behandelt und ins Krankenhaus Aurich eingewiesen

4 Was hat der Kollege falsch gemacht bzw. wie hätte er sich verhalten sollen?

UNFALLANZEIGE

1 Name und Anschrift des Unternehmens

2 Unternehmensnummer des Unfallversicherungsträgers

3 Empfänger

4 Name, Vorname des Versicherten

5 Geburtsdatum Tag Monat Jahr

6 Straße, Hausnummer

Postleitzahl

Ort

7 Geschlecht ☐ männlich ☐ weiblich

8 Staatsangehörigkeit

9 Leiharbeitnehmer ☐ ja ☐ nein

10 Auszubildender ☐ ja ☐ nein

11 Ist der Versicherte ☐ Unternehmer ☐ mit dem Unternehmer verwandt ☐ Ehegatte des Unternehmers ☐ Gesellschafter/Geschäftsführer

12 Anspruch auf Entgeltfortzahlung besteht für ☐ Wochen

13 Krankenkasse des Versicherten (Name, PLZ, Ort)

14 Tödlicher Unfall? ☐ ja ☐ nein

15 Unfallzeitpunkt Tag Monat Jahr Stunde Minute

16 Unfallort (genaue Orts- und Straßenangabe mit PLZ)

17 Ausführliche Schilderung des Unfallhergangs (Verlauf, Bezeichnung des Betriebsteils, ggf. Beteiligung von Maschinen, Anlagen, Gefahrstoffen)

Die Angaben beruhen auf der Schilderung ☐ des Versicherten ☐ anderer Personen

18 Verletzte Körperteile

19 Art der Verletzung

20 Wer hat von dem Unfall zuerst Kenntnis genommen? (Name, Anschrift des Zeugen)

War diese Person Augenzeuge? ☐ ja ☐ nein

21 Name und Anschrift des erstbehandelnden Arztes/Krankenhauses

22 Beginn und Ende der Arbeitszeit des Versicherten
Beginn Stunde Minute Ende Stunde Minute

23 Zum Unfallzeitpunkt beschäftigt/tätig als

24 Seit wann bei dieser Tätigkeit? Monat Jahr

25 In welchem Teil des Unternehmens ist der Versicherte ständig tätig?

26 Hat der Versicherte die Arbeit eingestellt? ☐ nein ☐ sofort später, am Tag Monat Stunde

27 Hat der Versicherte die Arbeit wieder aufgenommen? ☐ nein ☐ ja, am Tag Monat Jahr

28 Datum Unternehmer/Bevollmächtigter Betriebsrat (Personalrat) Telefon-Nr. für Rückfragen (Ansprechpartner)

Arbeitsblatt 5: Unfallverhütung

1 In welchen Unterlagen könnten Anweisungen über den sicheren Umgang mit Leitern zu finden sein? Wer gibt diese Anweisungen heraus und wo befinden sich diese in Ihrem Betrieb?

2 Welche Pflichten hat der Unternehmer nach der Vorschrift BGV A1?

3 Welche Pflichten hat der Arbeitnehmer nach der Vorschrift BGV A1?

4 Je nach den Gefahren bei der Arbeit hat der Arbeitgeber dem Arbeitnehmer die persönliche Schutzausrüstung zur Verfügung zu stellen. Überlegen Sie, bei welchen Gefahren die im Buch aufgeführten Schutzausrüstungen sinnvoll sind.

5 Der Arbeitgeber hat auch für die Sicherheits- und Gesundheitsschutzkennzeichnung am Arbeitsplatz zu sorgen. Beschreiben Sie die folgenden Zeichen (Farben und Form) und nennen Sie jeweils drei Beispiele!

Verbotszeichen: ______________________________

____

Warnzeichen: ______________________________

____

Gebotszeichen: ______________________________

____

Rettungszeichen: ______________________________

____

Brandschutzzeichen: ______________________________

____

6 Welche Folgen können Unfälle ganz allgemein haben für

a) den Mitarbeiter?

____

____

b) das Lagergut und die Lagereinrichtung?

____

____

c) den Betrieb bzw. Arbeitgeber?

____

____

d) die Volkswirtschaft und die Umwelt?

____

____

Tipp	**Informieren Sie sich über die Unfallverhütungsvorschriften in Ihrem Betrieb! Welche Berufsgenossenschaft ist zuständig?**

2 Güter lagern

▶ Arbeitsblatt 1: Aufgaben des Lagers

1 Vervollständigen Sie die Übersicht zu den Aufgaben der Lagerhaltung und finden Sie je zwei Anwendungsbeispiele:

Aufgaben der Lagerhaltung	Beschreibung	Beispiele
Sicherungsaufgabe	Sicherung bei Engpässen, die durch Lieferverzögerungen oder erhöhte Nachfrage verursacht werden	
	Herstellungs- und Verwendungszeitpunkt fallen auseinander	
Spekulationsaufgabe		
Umformungsaufgabe		
	Einige Güter erhalten erst durch die Lagerung ihre volle Qualität.	

2 Welche Aufgaben erfüllt die Lagerhaltung in den folgenden Beispielen:

Beispiele	Aufgaben
Bananen werden im Lagerraum eines Frachtschiffes von Algier nach Hamburg befördert.	
Der Getreidegroßhändler kauft im Sommer erntefrisches Getreide von den Landwirten seiner Region auf.	
Käse wird in Scheiben geschnitten und in 200-g-Packungen verpackt.	
Im Zentrallager der Supermarktkette wird bereits ab September ein Vorrat an Süßigkeiten für das Weihnachtsfest angelegt.	

Arbeitsblatt 2: Lagerarten

1 Ordnen Sie mithilfe des Lehrbuches die folgenden Lagerarten den **Betriebsarten** Industriebetrieb, Großhandel und Einzelhandel in der folgenden Übersicht zu:
Kommissionslager, Erzeugnislager, Rohstofflager, Auslieferungslager, Reservelager, Hilfsstofflager, Betriebsstofflager, Verkaufslager, Zwischenlager, Ersatzteillager, stofforientiertes Lager, verbrauchsorientiertes Lager, Packmittellager

Lager im Industriebetrieb	______________________
	______________________
	______________________
	______________________
Lager im Großhandel	______________________
	______________________
Lager im Einzelhandel	______________________
	______________________

2 Für welche Stoffe aus dem Produktionsprozess treffen die folgenden Beschreibungen zu?
Kennzeichnen Sie die entsprechenden Aussagen mit

R (Rohstoff) H (Hilfsstoff) B (Betriebsstoff)

a) Stoff, der benötigt wird, um Maschinen, Geräte oder technische Anlagen zu warten oder anzutreiben, z. B. Schmierstoffe, Diesel, Benzin. ◯
b) Stoff, der zur Verfeinerung bzw. Veredlung von Produkten dient, oder Stoff, der zum Zusammenfügen von zwei oder mehreren Teilen benötigt wird, z. B. Schrauben, Nägel, Aromastoffe. ◯
c) Es ist ein Ausgangsstoff für die Herstellung von Gütern, z. B. Baumwolle, Erze. ◯

3 Nach dem **Lagerstandort** unterscheidet man zwischen zentralen Lagern, dezentralen Lagern und Handlagern.
Für welche Lager treffen die folgenden Aussagen zu? Kennzeichnen Sie die Aussagen mit

Z (Zentrallager) D (dezentrales Lager) H (Handlager)

a) Lager, das nur einen einzelnen Produktionsbereich des Betriebes mit Rohstoffen versorgt. ◯
b) Die notwendigen Materialvorräte des gesamten Betriebes können niedrig gehalten werden. ◯
c) Mehrere Filialen eines Handelsunternehmens werden von einem Lager aus beliefert. ◯
d) Der Materialverbrauch ist in diesem Lager relativ schwer zu kontrollieren. ◯
e) Bei der Bedarfsermittlung kann neue Ware direkt beim Lieferanten bestellt werden. ◯
f) Diese Lagerung ist meist mit einer Verlängerung der Transportwege und Zwischenlagerung verbunden. ◯
g) Größere Einkaufsmengen ermöglichen eine Senkung der Beschaffungskosten (Rabatte, Lieferung frei Haus ab einer bestimmten Mindestabnahme). ◯
h) Das Lager für Kleinteile befindet sich direkt am Arbeitsplatz. ◯
i) Die Abstimmung zwischen Lager und Produktion ist meist einfach zu ermöglichen. ◯
j) Der Gesamtbedarf eines Betriebes ist besser feststellbar. ◯

4 In einem Fertigungsbetrieb befinden sich am jeweiligen Arbeitsplatz Lager für Kleinteile wie Schrauben, Dichtungen, Nieten usw. Wie wird diese Lagerart bezeichnet? ◯

a) Betriebsstofflager
b) Erzeugnislager
c) Werkstattlager
d) Zentrallager
e) Zwischenlager
f) Handlager

5 Das zentrale Rohstofflager eines Industriebetriebes mit mehreren Produktionsstufen wird künftig dezentral geführt. Welcher Vorteil ergibt sich aus dieser Umorganisation? ◯

a) Die Lagerkapazität für Rohstoffe wird verringert.
b) Die vorhandenen Lagereinrichtungen können besser ausgelastet werden.
c) Die Gesamtübersicht über die Lagerbestände des Betriebes wird verbessert.
d) Die Beförderungswege für Rohstoffe zur jeweiligen Produktionsstätte verkürzen sich.
e) Die Kosten für gebundenes Kapital werden im Rohstofflager reduziert.

6 Nach der **Lagergestaltung** unterscheidet man u. a. Silolager, Tanklager, Freilager, halboffene Lager, geschlossene Lager. Beschreiben Sie diese in Kurzform. Geben Sie jeweils zwei Beispiele für geeignetes Lagergut in diesen Lagern an.

Lagerart	Kurzbeschreibung	Lagergut
Silolager		
Freilager		
halboffenes Lager		
geschlossenes Lager		

▶ *Arbeitsblatt 3: Das Lagergeschäft*

1 In welcher Situation ist es für einen Betrieb sinnvoll, Güter bei einem gewerblichen Lagerhalter einzulagern? ◯

a) Der Betrieb, der bisher Eigenlagerung betrieben hat, erwartet zukünftig keine Absatzschwankungen.
b) Es soll von der dezentralen zur zentralen Lagerhaltung umgestellt werden.
c) Die Betriebsleitung sucht eine Lagerform, bei der die Lagermiete nur für die Dauer der Einlagerung anfällt.
d) Das Warensortiment des Betriebes soll erweitert werden. Dabei wird die Warenpflege über eigenes Personal erfolgen.
e) Die Kunden möchten die Ware vor Ort sehen.

2 Was ist der wesentliche Inhalt eines Lagervertrages? Wer sind die Vertragspartner?

Inhalt:	
Auftraggeber:	**Auftragnehmer:**

3 Was ist bei der Einlagerung von Gefahrgut zu beachten?

4 Stellen Sie Rechte und Pflichten des **Lagerhalters** gegenüber. Nutzen Sie dazu den Lehrbuchtext „Unterscheidung nach dem Eigentümer“ im Lernfeld 2.

Pflichten des Lagerhalters	Rechte des Lagerhalters

5 „Der Lagerschein ist ein Warenwertpapier.“ Begründen Sie diese Aussage.

6 Im § 475 c HGB finden wir wesentliche Aussagen zum Lagerschein:

(1) Über die Verpflichtung zur Auslieferung des Gutes kann von dem Lagerhalter, nachdem er das Gut erhalten hat, ein Lagerschein ausgestellt werden, der die folgenden Angaben enthalten soll:

a) Ort und Tag der Ausstellung des Lagerscheins;
b) Name und Anschrift des Einlagerers;
c) Name und Anschrift des Lagerhalters;
d) Ort und Tag der Einlagerung;
e) die übliche Bezeichnung der Art des Gutes und die Art der Verpackung, bei gefährlichen Gütern ihre nach den Gefahrgutvorschriften vorgesehene, sonst ihre allgemein anerkannte Bezeichnung;

f) Anzahl, Zeichen und Nummer der Packstücke;
g) Rohgewicht oder die anders angegebene Menge des Gutes;
h) im Falle der Sammelladung einen Vermerk hierüber.

(2) In den Lagerschein können weitere Angaben eingetragen werden, die der Lagerhalter für zweckmäßig hält.

(3) Der Lagerschein ist vom Lagerhalter zu unterzeichnen. Eine Nachbildung der eigenhändigen Unterschrift durch Druck oder Stempel genügt.

a) Der abgebildete Orderlagerschein ist bereits ausgefüllt. Kennzeichnen Sie die Angaben unter (1) auf diesem mit den Buchstaben a–h sowie die Aussagen von Absatz (2) mit 2 und Absatz (3) mit 3.
b) Was ist ein Orderlagerschein? Lesen Sie dazu den Gesetzestext im § 475 f, g (2) HGB.

H. D. COTTERELL
(GmbH & Co.)
20457 Hamburg
Am Sandtorkai 48 · Telefon: 37 48 60-0 · Telefax: 37 48 60-26

Orderlagerschein
Warrant

Lagerschein Nr. HDC 4410
(zugleich Nr. der Lagerscheinkartei)
Warrant Number
Warrant Index Number

Lagerbuch Fol. 18.684/1
Stock Book reference

Wir lagerten ein für
We warehoused for

Herr / Firma Import GmbH, Am Sandtorkai 44, 20457 Hamburg oder Order
or order

auf unserem Lager Hamburg, Warehouse E, Dessauer Ufer am 11. Januar ..
in our warehouse on

Marke und Nummer Marks and Numbers	Zahl u. Art der Packstücke Quantity and Description of packages	Inhalt Contents	Rohgewicht oder Maß Grossweight
M A P	168 Bags	Nigerian Cocoa Beans	10 290 kos.
		(onehundredsixtyeight bags)	Tare 290 kos. for 10 bags
		ex S/S "CECILE MAERSK/LAUST MAERSK"	
		arrived 04.01...	

Inhalt und Gewicht sind angegeben von ---
Contents and weight have been given to us by

Wir verpflichten uns, das Gut nur gegen Rückgabe dieses Lagerscheins nach Maßgabe der aus dem Schein ersichtlichen Bedingungen an den Einlagerer oder dessen Order auszuliefern. Bei Teilauslieferungen ist der Lagerschein zwecks Abschreibung vorzulegen.

We guarantee to deliver the goods only against return of this warrant in accordance with the regulations visible on the warrant to the firm mentioned or their order. For part deliveries the warrant is to be presented for writing-off.

Wir sind zur Vornahme von Erhaltungs- oder Pflegearbeiten am Gut nicht verpflichtet. Das Gut ist von uns nicht gegen Feuer versichert.
Wir haften gemäß § 12 Abs. III der Lagerordnung für keinerlei Feuerschäden.
Die Kosten richten sich nach dem Lagervertrag.

We are not responsible for care and maintenance work on the goods.
The goods are not insured by us against fire. In accordance with paragraph 12 subsection 3 of the warehouse regulations, we are not responsible for fire damage.
The charges are in accordance with the warehousing contract.

Bemerkungen: Rent paid up to and incl.: 10. March..
Remarks:

H.D. Cotterell
(GmbH & Co.)
H. Meyer

Hamburg, den 11th January ..
Date

(Unterschrift des Lagerleiters)
(Signature)

Kontrolliert:
Checked by:

Eingetragen:
Entered by:

Die Lagerordnung liegt in unserem Büro zur Einsicht aus.

Rechtsverbindlich ist die deutsche Fassung dieses Orderlagerscheines.
In case of disputs the German text of this Warrant is to apply

Kontroll-No

→ *Situationsaufgabe:*

7 Entsprechend der Eigentumsverhältnisse des Lagers unterscheidet man zwischen **Eigen- und Fremdlager**.
Sie sind Auszubildender in der Getreidegroßhandlung Karl Müller OHG. Ihr Unternehmen kann zu einem sehr günstigen Preis hochwertigen Weizen von der Agrargenossenschaft „Sommerwind" aus Sachsen beziehen. Das günstige Angebot ist allerdings an eine Mindestabnahmemenge von 1000 Tonnen gebunden. Da die eigenen Getreidesilos zum Teil bereits belegt sind, müssen 500 Tonnen Weizen in einem Fremdlager untergebracht werden. Nach gründlicher Prüfung verschiedener Angebote entscheidet sich Ihr Unternehmen, das Getreide in der Logistik GmbH Baum einzulagern.

a) Welche Vorteile hat Ihr Untermehmen durch die Einlagerung des Getreides in einem Fremdlager?

b) Welche Pflicht geht Ihr Unternehmen mit Unterzeichnung des Lagervertrages ein?

c) Der Weizen Ihres Unternehmens wird zusammen mit dem Weizen eines anderen Einlagerers in einem 600-Tonnen-Silo eingelagert. Welche Voraussetzungen müssen für solch eine Sammellagerung erfüllt sein?
Lesen Sie dazu folgenden Gesetzesauszug aus dem Handelsgesetzbuch:

> § 469 **Sammellagerung.** (1) Der Lagerhalter ist berechtigt, vertretbare Sachen mit anderen Sachen gleicher Art und Güte zu vermischen, wenn die beteiligten Einlagerer ausdrücklich einverstanden sind.
> (2) Ist der Lagerhalter berechtigt, Gut zu vermischen, so steht vom Zeitpunkt der Einlagerung ab den Eigentümern der eingelagerten Sachen Miteigentum nach Bruchteilen zu.
> (3) Der Lagerhalter kann jedem Einlagerer den ihm gebührenden Anteil ausliefern, ohne dass er hierzu der Genehmigung der übrigen Beteiligten bedarf.

▶ Arbeitsblatt 4: Lagertechnik – Bodenlagerung

➜ *Situationsaufgabe:*
Das Logistikzentrum des Einrichtungshauses Wohnwelten GmbH soll vergrößert werden. Die Auszubildenden Robert und Frank sollen Vorschläge zur Einrichtung einer neuen Lagerhalle machen. Zunächst vergleichen sie verschiedene Möglichkeiten, Ware zu lagern, und die dazugehörigen Lagereinrichtungen.

1 Nennen Sie die Vorteile und Nachteile der Bodenlagerung.

Vorteile der Bodenlagerung	Nachteile der Bodenlagerung
___	___
___	___
___	___
___	___
___	___

2 Ergänzen Sie die folgenden Sätze:
Bei dieser Lagertechnik ______________________ die Güter im unverpackten oder verpackten Zustand auf dem Boden. Diese Lagerart eignet sich besonders für ___________, ___________ Güter aber auch für ___________.

Durch den Einsatz von Lagerhilfsgeräten wie ___________ oder ___________ und ___________ werden Flachpaletten mit nicht stapelfähigem Gut ebenfalls ___________.

Die erreichbare **Stapelhöhe ist abhängig** von:

____

____

____

____

____

Man unterscheidet zwischen **Block-** und **Reihenstapelung**. Nur bei der ______________________ kann direkt das Fifo-Prinzip angewendet werden.

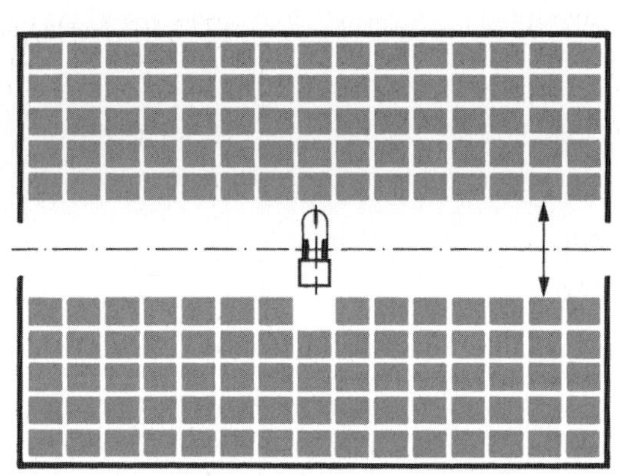

Der Zugriff bei der ____________________

erfolgt von ____________________.

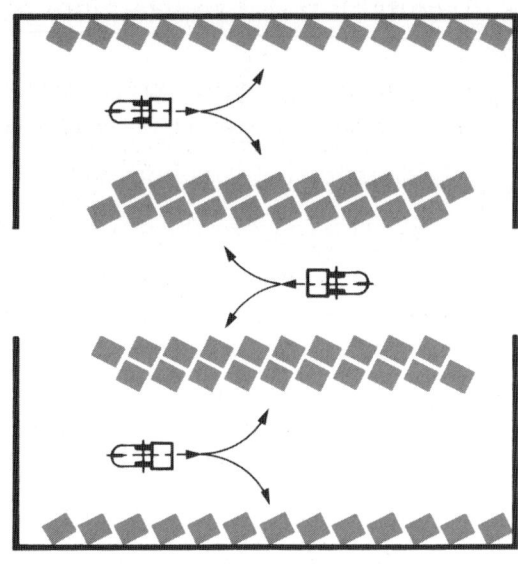

Der Zugriff bei der ____________________

erfolgt von ____________________.

3 In einem Umschlaglager werden 25 Gitterboxpaletten mit Ware für einen Monat eingelagert. Die Außenmaße betragen einschließlich Steilwinkelaufsatz 835 mm × 1240 mm.

Tipp	**Vergleichen Sie dazu den Lehrbuchtext „Gitterboxpaletten" im Lernfeld 6**

a) Ermitteln Sie den Flächenbedarf (in m^2) bei Bodenlagerung, wenn maximal vier EUR-Boxpaletten übereinandergestapelt werden können. Geben Sie Ihr Ergebnis mit zwei Stellen nach dem Komma an!

____

b) Wie hoch sind die Lagerkosten für einen Monat, wenn mit einem Kostensatz von 117,00 EUR/m^2 pro Jahr kalkuliert wird?

____

Arbeitsblatt 5: Regale – Fachbodenregale

1 Beschriften Sie das Fachbodenregal, indem Sie die Nummern der entsprechenden Bauteile der Abbildung zuordnen:

Rahmen 1	Quertraverse 3
Fachboden 2	Kreuzverband 4

Abbildung: Fachbodenregal

2 Ein Fachbodenregal mit den Maßen 2000 × 1000 × 400 (Höhe × Breite × Tiefe) besteht in seiner Grundausstattung aus zwei Rahmen und vier Fachböden.

a) Wie hoch ist die Feldlast, wenn die Fachlast von 115 kg je Fachboden voll ausgenutzt ist?

____

b) Die maximal zulässige Feldlast beträgt 885 kg. Wie viele zusätzliche Fachböden können zwischen den Rahmen montiert werden?

____

____

c) Wie viele Fachböden werden benötigt, wenn Kleinteile mit einem Gesamtgewicht von 0,75 t eingelagert werden sollen?

____

3 Für welches Lagergut sind Fachbodenregale besonders geeignet?

____

____

4 Stellen Sie die Vorteile und Nachteile der Lagerung in Fachbodenregalen gegenüber.

Vorteile	Nachteile

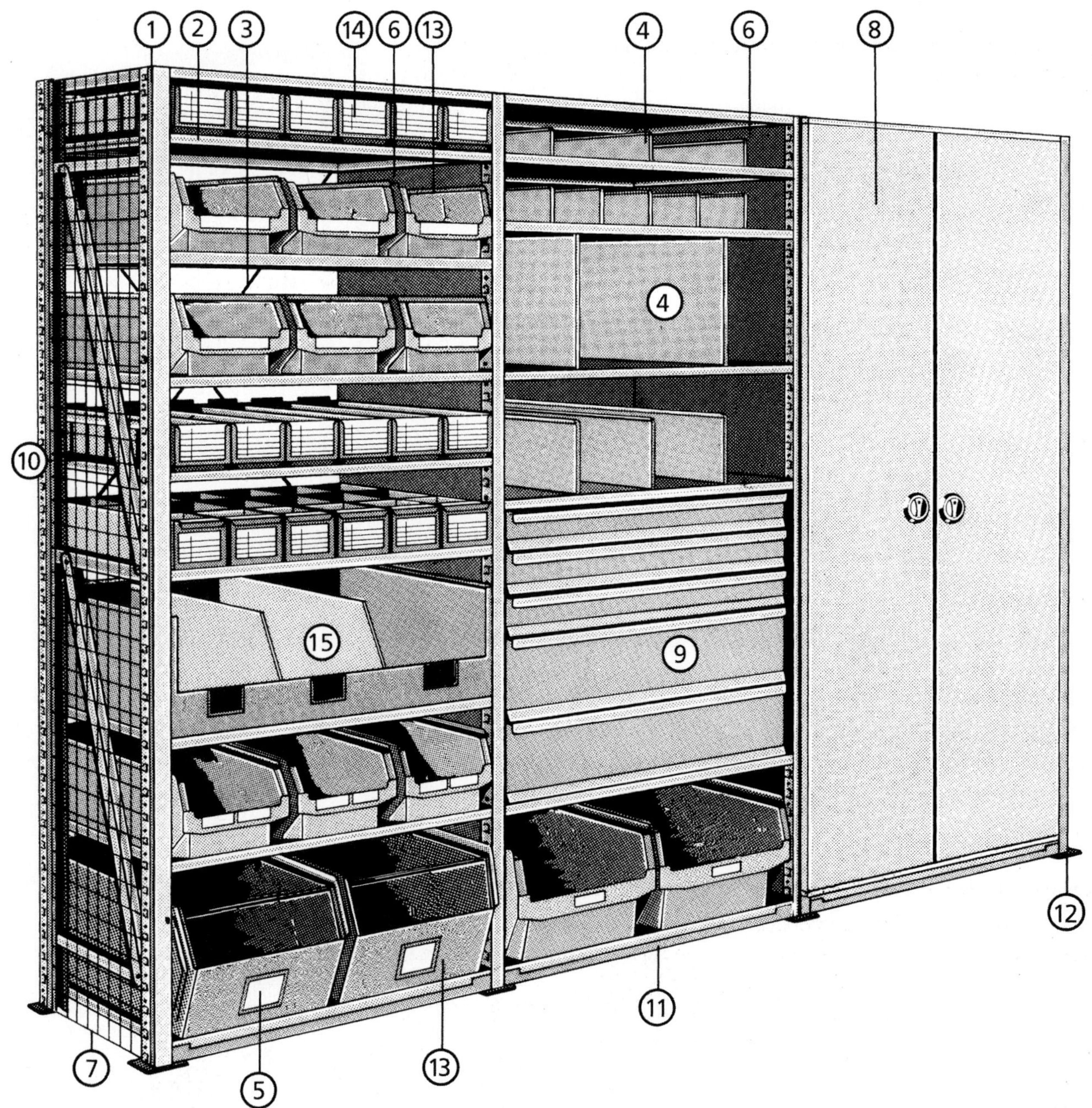

Abbildung: Fachbodenregal mit Kombinationsmöglichkeiten

5 Fachbodenregale können durch spezifisches Zubehör in ihrer Funktionsfähigkeit erweitert und verbessert werden.
Ordnen Sie die nummerierten Teile der Abbildung folgenden Begriffen zu:

Nr.	Zubehörteil	Nr.	Zubehörteil	Nr.	Zubehörteil
_____	Flügeltür	_____	Regalkästen	_____	Durchschubsicherung für Kästen
_____	Ständerrahmen	_____	Etiketten	_____	Lager-Fix-Kästen
_____	Lagerwannen	_____	Sockelblende	_____	Unterlegplatten, höhenverstellbare Füße
_____	Zwischenböden	_____	Vollblech-Seiten- und Rückwände	_____	Längs- und Kreuzverbände
_____	Trennwände	_____	Gitter-Seiten- und Rückwände	_____	Schubladen

Arbeitsblatt 6: Regale – Palettenregale

1 Beschriften Sie nebenstehende Abbildung zum Aufbau eines Palettenregals:

1 Diagonalverband
2 Horizontalverband
3 Längsverband
4 Kreuzverband
5 Quertraverse
6 Rahmen
7 Querauflage

Abbildung: Palettenregal

2 Vergleichen Sie Vorteile und Nachteile von Palettenregalen.

Vorteile	Nachteile
______	______
______	______
______	______
______	______
______	______
______	______

3 Entsprechend der Regalanordnung im Lager unterscheidet man **Einfahrregale** und **Durchfahrregale**. Vervollständigen Sie die folgenden Sätze:

Einfahrregale haben pro Stichgang ______________________, in die der Stapler hineinfährt und die Palette __________ bzw. _________.

Dabei gilt das ___________**-Prinzip**.

_______ = _______ in _______ out.

Das bedeutet, dass die ____________ eingelagerte Palette auch zwangsweise ____________ ausgelagert wird.

Abbildung: Einfahrregal mit zwei Gängen

Durchfahrregale haben ______________________________, sodass von ______________ in das Regal eingefahren werden kann. Damit ist auch das ________**-Prinzip** möglich. ________ = ________ in – ________ out. Das bedeutet, dass die _________________ Palette auch ____________ ausgelagert werden kann.

4 Die Berufsgenossenschaft fordert in der BG-Regel 234 bestimmte **Sicherheitseinrichtungen für Regale**.
Aufgabe: Ordnen Sie die entsprechenden Sicherheitsbestimmungen der BG-Regel 234 den in der Abbildung markierten Stellen des Palettenregals zu.

☐ Für alle Regale sind Tragfähigkeitsschilder vorzusehen.

☐ Erhöhungen der Endständer um mindestens 500 mm sind vorgeschrieben.

☐ Bei Quereinstapelung müssen die Paletten gegen Durchfallen gesichert sein, zum Beispiel durch Tiefenstege, Tiefenstegrahmen, Spannplatten oder Holzböden.

☐ Bei allen Endständen müssen Abweiserecken montiert werden. Dies gilt auch für Durchfahrten.

☐ Bei einem Sicherheitsabstand von weniger als 100 mm zwischen den Paletten im Doppelregal sind Durchschiebesicherungen vorzusehen.

☐ Regalüberbauten (Durchfahrten) müssen mit einer geschlossenen Decke (Spanplatte, Holzboden) versehen sein. Die lichte Durchgangshöhe muss mindestens 2 000 mm betragen.

☐ Die nicht für die Be- oder Entladung vorgesehenen Seiten von Regalen müssen gegen Herabfallen von Ladeeinheiten gesichert sein, zum Beispiel durch Maschendrahtabspannung.

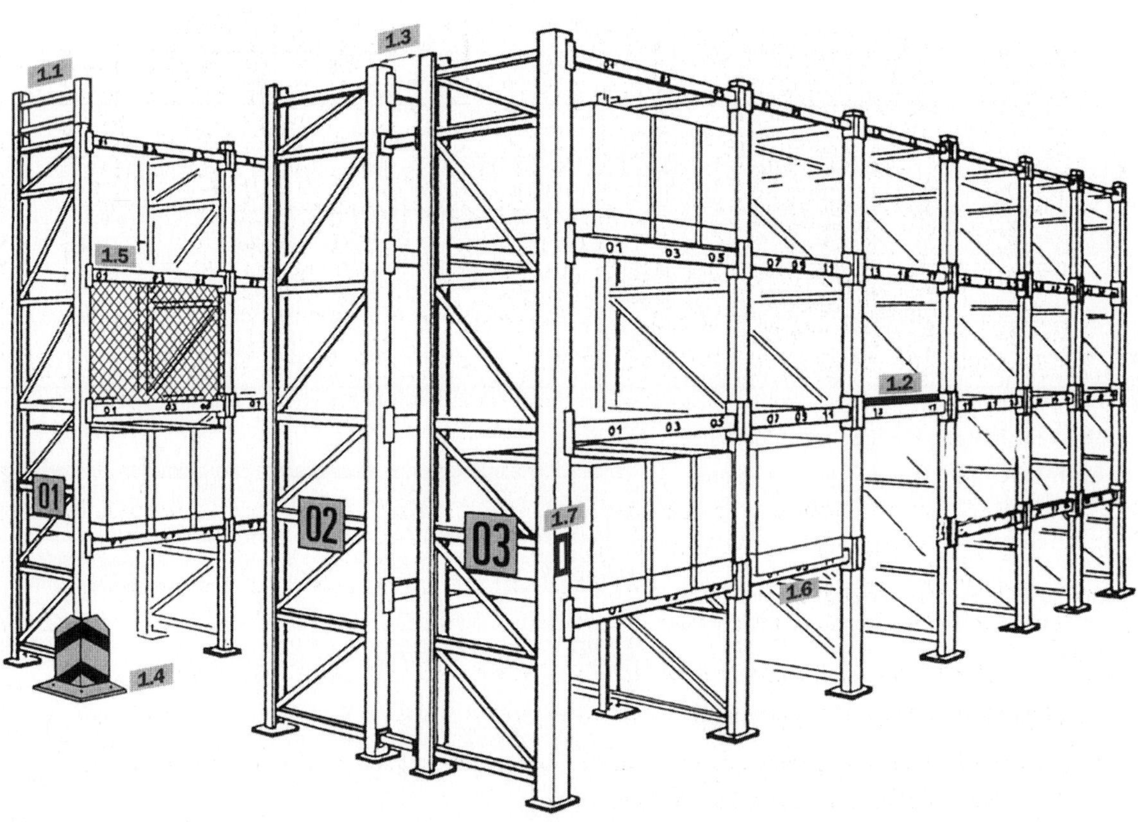

Abbildung: Sicherheitsbestimmungen für Regale nach BG-Regal 234

▶ Arbeitsblatt 7: Regale – Durchlaufregale

1 Vervollständigen Sie folgenden Text mithilfe des Lehrbuchs:

Durchlaufregale sind Regale mit separater ___________ und _________________ von hintereinanderliegendem Lagergut, das sich durch ___________________ oder mithilfe von Antriebselementen von der _________________________ zur _________________________ bewegt.

Die Bewegung des Lagergutes erfolgt über:

– _______________ für schweres Lagergut

– _______________ für _______________ und _______________ Lasten

– _______________ und _______________ für leicht rutschende Lasten.

2 Beschriften Sie in der unteren Abbildung „Durchlaufregal" die aufgeführten Zonen:
Beschickungszone [1] Pufferzone [2] Kommissionierzone [3]

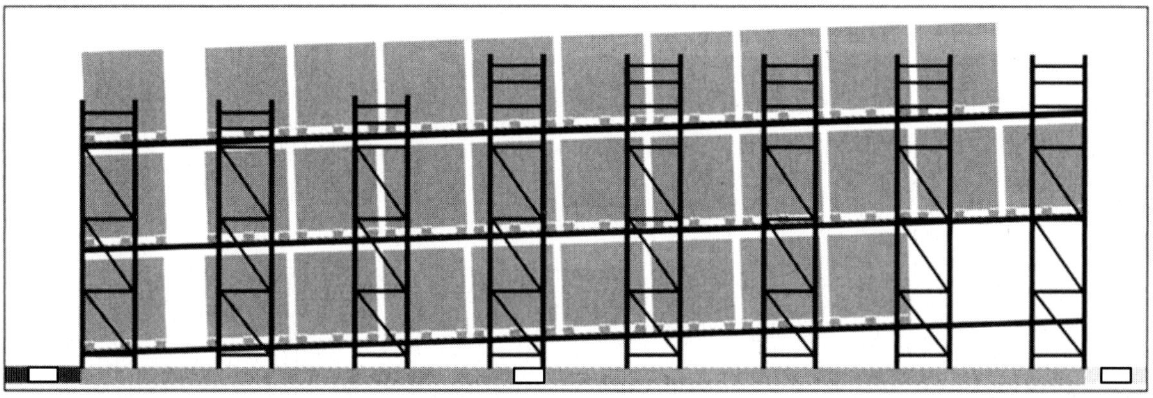

Abbildung: Durchlaufregal

3 Entscheiden Sie, ob die folgenden Aussagen über Durchlaufregale richtig oder falsch sind. Kennzeichnen Sie die richtigen Aussagen mit 1 und die falschen Aussagen mit 2:

a) Durchlaufregale müssen mit Einrichtungen ausgerüstet sein, die ein gefahrloses Einbringen und einen freien Durchlauf der Ladeeinheiten sicherstellen. ◯

b) Störstellen in Durchlaufregalen müssen gefahrlos erreichbar sein, beispielsweise durch mindestens 0,5 m breite, neben den Durchlaufgassen angeordnete Gänge. ◯

c) An den Ein- und Auslagerungszonen müssen Einrichtungen vorhanden sein, die ein unbeabsichtigtes Herunterfallen der Ladeeinheiten verhindern. ◯

d) Das Fifo-Prinzip kann nicht eingehalten werden. ◯

e) Gefahrstellen zwischen durchlaufendem Lagergut und Regalteilen, die von Verkehrswegen erreicht werden können, müssen gesichert sein. ◯

f) Durchlaufregale eignen sich besonders für kleine Mengen je Artikel unterschiedlicher Sortimentsgrößen. ◯

g) Eine artikelreine Bestückung der Kanäle im Durchlaufregal ist nicht sinnvoll. ◯

h) Durchlaufregale eignen sich besonders bei großen Mengen je Artikel und kleiner bis mittlerer Sortimentsgröße, wenn die Fächer artikelrein bestückt werden. ◯

Arbeitsblatt 8: Regale – Kragarmregale

1 Beschriften Sie das abgebildete Kragarmregal, indem Sie die Nummern der entsprechenden Bauteile in die Abbildung eintragen

1 Ständer, zweiseitig
2 Rohrkragarm
3 Aufhängung für Rohrkragarm
4 Kragarm mit Abrollsicherung
5 Fuß mit Abrollsicherung
6 Diagonalverband
7 Horizontalverbinder
8 Kragarm für Schrägboden

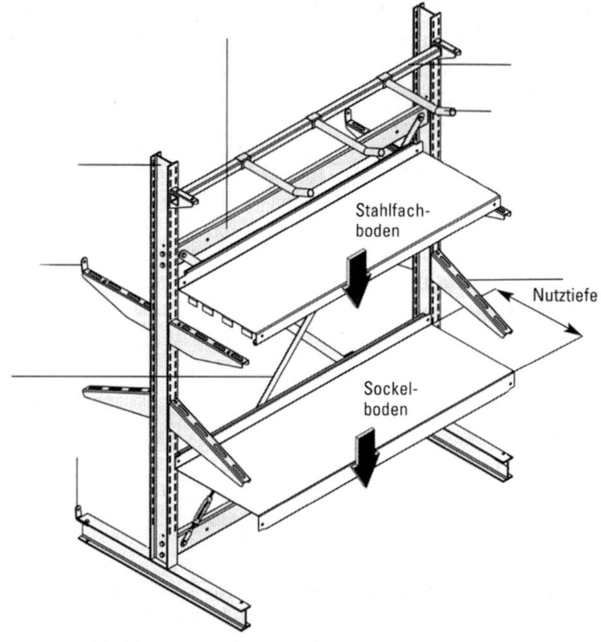

Abbildung: Kragarmregal

2 Kragarmregale können entsprechend ihrem Verwendungszweck unterschiedlich gestaltet sein. Finden Sie für alle drei abgebildeten Gestaltungsformen von Kragarmregalen jeweils drei Beispiele für geeignetes Lagergut.

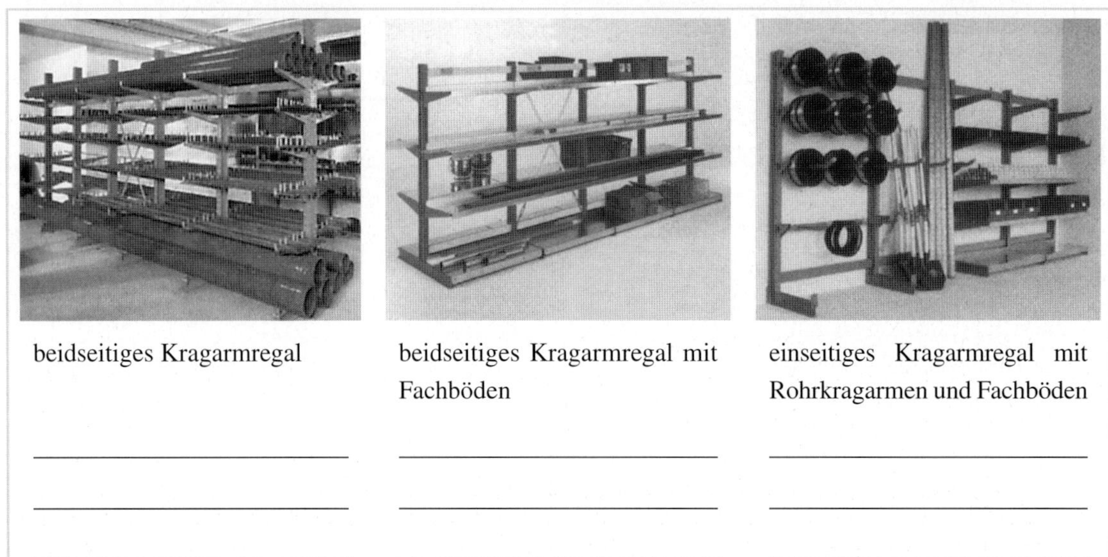

beidseitiges Kragarmregal	beidseitiges Kragarmregal mit Fachböden	einseitiges Kragarmregal mit Rohrkragarmen und Fachböden
______________	______________	______________
______________	______________	______________
______________	______________	______________

3 Die Berufsgenossenschaft stellt an die Beschaffenheit von Kragarmregalen eine konkrete Anforderung.

Tipp	**Informieren Sie sich in der BG-Regel 234 der Berufsgenossenschaft sowie der dazugehörigen Abbildung 10 im Anhang.**

a) Wie lautet diese Anforderung?

____

____

b) Was bezweckt die Berufsgenossenschaft mit dieser Forderung?

▶ Arbeitsblatt 9: Regale – Verschieberegale

➜ Situationsaufgabe:

Sie sind Mitarbeiter/-in der LOGO Lagerausstattung GmbH Dessau. Ihr Unternehmen erstellt dem Einrichtungshaus „Wohnwelten" ein Angebot zur Einrichtung der Zentralregistratur der Kaufhaus-Kette. Sie werden beauftragt, einen Vorschlag zu einer zweckmäßigen Regalausstattung der Zentralregistratur zu erarbeiten. Dazu erhalten Sie folgende Informationen:

1 In der Zentralregistratur der Kaufhaus-Kette „Wohnwelten" fallen täglich 900 Schriftstücke an. Diese werden in Ordnern (32 cm Höhe, 8 cm Dicke) in entsprechenden **Fachbodenregalen** abgelegt. Ein Ordner fasst maximal 600 Blätter. Die Regale dürfen maximal 6 übereinanderliegende Böden haben, sodass auch die oberste Reihe mit ausgestrecktem Arm noch erreichbar ist. Die Regale sollen eine Höhe von 2 m haben. Die Regaltiefe soll 325 mm bei einseitiger Nutzung und 650 mm bei doppelseitiger Nutzung betragen. Die Fachbodenregale sollen 4 m lang und der Gang zwischen den Regalen 750 mm breit sein. Sie verschaffen sich zunächst einen Überblick über die Anzahl der benötigte Fachbodenregale und den Flächenbedarf. Dazu stellen Sie folgende Überlegungen an:

a) Wie viele Ordner werden für die Ablage der Schriftstücke in einem Jahr benötigt, wenn 260 Arbeitstage pro Jahr zugrunde gelegt werden?

b) Wie viel lfd. m Stellplatz beanspruchen diese Ordner bei einer durchschnittlichen Aufbewahrungsfrist von 10 Jahren?

c) Wie viele Fachbodenregale werden für die Ablage des Schriftgutes in einem Zeitraum von 10 Jahren benötigt? (Zwischenwände der Regale bleiben unberücksichtigt).

d) Wie viel Lagerfläche benötigt die Kaufhaus-Kette zur Aufbewahrung der Schriftstücke in Stehordnern in o.g. Fachbodenregalen in 10 Jahren?

2 Sie erklären dem Vertreter der Kaufhaus-Kette, dass die Aufbewahrung der Ordner in **Verschieberegalen** wesentlich platzsparender ist als in feststehenden Fachbodenregalen, und nennen ihm die **Vorteile** von Verschieberegalen:

____

____

____

____

____

____

____

Abbildung: Verschieberegale

3 Außerdem weisen Sie den Vertreter darauf hin, dass kraftbetriebene verfahrbare Regale mit Schutzeinrichtungen zur Vermeidung von Unfällen ausgerüstet sein müssen. Diese gibt es in Form von:

____

____

____

____

4 Fertigen Sie zu dem o.g. Sachverhalt zwei Skizzen an, um dem Kunden die optimale Raumnutzung durch die Verwendung von Verschieberegalen zu verdeutlichen.

a) Skizze: feststehende Fachbodenregale

b) Skizze: Verschieberegale

c) Errechnen Sie den Flächenvorteil bei der Aufbewahrung des Schriftgutes in Verschieberegalen innerhalb von 10 Jahren in Prozent. Die Maße des Verschieberegals entsprechen den o.g. Maßen des Fachbodenregals.

____

____

____

____

Arbeitsblatt 10: Regale – Umlaufregale

1 Umlaufregale zählen zu beweglichen Regalanlagen. Unterscheiden Sie die drei Formen von Umlaufregalen:

___

___

___

2 Nennen Sie die Vorteile von Umlaufregalen:

___

___

___

___

___

___

3 Welche Aussagen über **Umlaufregale** sind richtig? Kennzeichnen Sie die richtigen Aussagen mit 1 und die falschen Aussagen mit 2.

a) Der Mitarbeiter ist bei der Kommissionierung an einen festen Arbeitsplatz gebunden. ○

b) Der Mitarbeiter bewegt sich zur Kommissionierung ans Lagerfach. ○

c) Umlaufregale zählen zu den beweglichen Regalanlagen. ○

d) Umlaufregale sind als Fachbodenregale, aber nicht als Palettenregale einsetzbar. ○

e) Bei Umlaufregalen erfolgt die Einlagerung und Entnahme der Ware von derselben Stelle. ○

f) Beim Kommissionieren gilt das Mann-zur-Ware-Prinzip (die statische Bereitstellung). ○

g) Für die Lagerung von Ballenware, wie beispielsweise Teppichböden, werden im Einzelhandel vielfach Paternosterregale genutzt. ○

h) Eine freie Lagerplatzzuordnung ist nicht möglich. ○

i) Die Warenkommissionierung wird durch einen zyklischen Umlauf des Regals beschleunigt. ○

4 Nennen Sie wesentliche Unterscheidungsmerkmale zwischen Paternosterregal und Turmregal hinsichtlich der Warenauslagerung.

___

___

___

___

___

▶ *Arbeitsblatt 11: Regale – Hochregallager*

Großunternehmen lagern ihre Güter vorwiegend in Hochregallagern. Dabei sind vor allem Zentrallager großer Handelsunternehmen wirtschaftlich bedeutsam. Man findet sie häufig an verkehrstechnisch gut erschlossenen Stellen, beispielweise an Bundesautobahnen bzw. Autobahnkreuzen.

Tipp	**Wiederholen Sie zum Lösen der folgenden Aufgabe den Lehrbuchabschnitt „Unterscheidung nach dem Lagerstandort".**

1 Stellen Sie Vorteile und Nachteile von Zentrallagern gegenüber.

Vorteile	Nachteile

2 Ab welcher Bauhöhe spricht man bei Regallagern von Hochregalen?

____

3 Nennen Sie drei Unternehmen in Ihrer näheren Umgebung, die Hochregallager unterhalten.

____

____

____

4 Hochregale können auf unterschiedliche Weise gebaut werden. Man unterscheidet zwischen Einbauhochregalen und der gebäudetragenden Silobauweise. Erklären Sie kurz beide Möglichkeiten.

Einbauhochregale	Silobauweise

5 Wie bezeichnet man den zentralen Punkt zur Kontrolle von Abmessungen und Gewichten sowie zur Datenerfassung der eingehenden Packstücke vor der Einlagerung in ein automatisch betriebenes Hochregallager? ◯

a) Kontrollpunkt
b) Einlagerungspunkt
c) Kommissionierpunkt
d) Identifikationspunkt
e) Sperrzone
f) Prüfzone

6 Was verstehen Sie unter Regalgasse? Wovon ist die Breite dieser Gassen abhängig?

____

____

7 Wann kann man auf kurvengängige Regalförderzeuge verzichten?

____

8 Vergleichen Sie die Vorteile und Nachteile der Lagerung in Hochregalen.

Vorteile	**Nachteile**

9 Was versteht man unter einem DOPPELSPIEL? Finden Sie die richtige Antwort. ◯

a) Das Regalbediengerät nimmt zwei Packstücke auf einmal auf.
b) Zwei Personen bedienen das Regalförderzeug gleichzeitig.
c) Das Regalbediengerät lagert mit einem Arbeitsgang eine Ladeeinheit ein und auf dem Rückweg eine andere Ladeeinheit aus.
d) In einem Lagerfach sind zwei Ladeeinheiten nebeneinander gelagert.
e) Das Regalförderzeug bedient zwei Regalgassen.

10 In einem Hochregallager wird Ware nach dem chaotischen Lagerprinzip gelagert. Wodurch ist eine solche Lagerhaltung gekennzeichnet? ◯

a) Das Lager ist unordentlich und schmutzig.
b) Das Lager ist in unterschiedliche Lagerzonen nach Warengruppen aufgeteilt.
c) Für jede Warenart werden feste Stellplätze vergeben.
d) Die Lagerung der Ware erfolgt auf freien Lagerplätzen und die Speicherung des Lagerplatzes auf einem Datenträger.
e) Für jede Warenart wird eine Lagerfachkarte geführt. Die Lagerung erfolgt in Regalfächern.
f) Ware, die zuletzt eingelagert wurde, wird zuerst ausgelagert.

Arbeitsblatt 12: Voraussetzungen für eine ordnungsgemäße Lagerung

1 Damit die Aufgaben der Lagerhaltung optimal erfüllt werden können, müssen bestimmte Voraussetzungen beachtet werden. Nennen Sie diese:

____

2 Sauberkeit ist eine anzustrebende Voraussetzung ordnungsgemäßer Lagerhaltung. Was kann man durch Sauberkeit im Lager nicht direkt erreichen? ○

a) eine geringere Verletzungs- und Unfallgefahr
b) einen guten Eindruck für Lieferer, Kunden, Mitarbeiter und Besucher
c) eine längere Haltbarkeit der Lagereinrichtungen, Werkzeuge und Transportmittel
d) weniger Verderb und Ausschuss der Ware
e) eine Verringerung der durchschnittlichen Lagerdauer der gelagerten Ware
f) ein angenehmes Arbeiten am Arbeitsplatz

3 Nennen Sie vier Möglichkeiten, die Übersichtlichkeit im Lager zu verwirklichen.

____

____

____

____

4 Ihnen liegt die abgebildete Lagerfachkarte vor. Wann ist die Bestellung des Artikels Halogen-Einbauleuchte N2 02 zu veranlassen? ○ ○

Artikel – Nr.: 172528 **Halogen-Einbauleuchte 12 V/W N2 02**		**Mindestbestand:** **Meldebestand:** **Höchstbestand:**		**40 Stück** **140 Stück** **300 Stück**
Datum	**Lieferer/Empfänger**	**Eingang**	**Ausgang**	**Bestand**
Januar 04.	AB	______	______	185
09.	Elektro-Streich	______	20	______
11.	Heim OHG, Leipzig	______	40	______
17.	Elektrowerke GmbH Halle	100	______	______
21.	Brunner KG, Wolfen	______	60	______
24.	Lichthaus Halle	______	30	______

a) am 4. Januar
b) am 9. Januar
c) am 11. Januar
d) am 17. Januar
e) am 21. Januar
f) am 24. Januar

Arbeitsblatt 13: Den Ausbildungsbetrieb präsentieren

1 Das fachgerechte Lagern von Gütern erfordert eine bestimmte Organisation im Lager und darauf abgestimmte Lagertechnik. Überlegen Sie, welche lagerlogistischen Möglichkeiten in Ihrem Betrieb angewendet werden. Fassen Sie Ihre Kenntnisse in der folgenden Übersicht zusammen.

Ausbildungsbetrieb	
Standort des Ausbildungslagers:	Art des Lagers nach dem Standort:
Branche:	Art des Lagers nach der Betriebsart:
Aufgaben der Lagerhaltung:	Art des Lagers nach der Bauweise:
Anzahl der Lagerhallen:	Anzahl der Mitarbeiter im Lager:
angewendete Lagertechniken:	verfügbare Lagereinrichtungen:
Art des Lagergutes/der Lagergüter:	Genutzte Packmittel (Ladungsträger):
Fördermittel für den Gütertransport im Lager:	Lagerprinzip:
Lagerzonen:	Lagerplatznummersystem:

2 Welche konkreten Anforderungen stellt die BG-Regel 234 an die Breite von Verkehrswegen im Lager?

____

____

____

____

____

3 Stellen Sie Ihren Ausbildungsbetrieb in einer Präsentationsmappe vor und verdeutlichen Sie dabei die Bedeutung Ihres Betriebes in der Wirtschaftsregion.

Arbeitsblatt 14: Gesetze und Verordnungen zum Arbeitsschutz und Unfallschutz

Um die Unfallgefahren zu verringern und unsere Lebensgrundlagen, die Umwelt, zu schützen, sind Gesetze und Verordnungen notwendig. Aber nur die Kenntnis dieser gesetzlichen Grundlagen führt auch zum Erfolg. Tragen Sie stichwortartig die wesentlichen Inhalte dieser Gesetze und Verordnungen in die entsprechenden Felder ein!

Gesetz bzw. Verordnung	wesentliche Inhalte
Arbeitsschutzgesetz	
Betriebssicherheitsverordnung	
Bundesimmissionsschutzgesetz	
Geräte- und Produktsicherungsgesetz	

Arbeitsstätten-verordnung	
Gesetz zum Schutz vor gefährlichen Stoffen (Chemikaliengesetz)	
Verordnung zum Schutz vor Gefahrstoffen (Gefahrstoff-verordnung)	
Wasserhaushalts-gesetz	
Berufsgenossen-schaftliche Regeln (BGR) **und** **Berufsgenossen-schaftliche Vorschriften (BGV)**	

Arbeitsblatt 15: Gefahrstoffverordnung

Die Verordnung zum Schutz vor Gefahrstoffen (Gefahrstoffverordnung) umfasst mehrere Aspekte.

1 Welche Arbeiten mit Gefahrstoffen gehören zum Inverkehrbringen?

2 Eine Tätigkeit mit Gefahrstoffen darf im Betrieb erst erfolgen, nachdem eine Gefährdungsbeurteilung vorgenommen wurde und erforderliche Schutzmaßnahmen getroffen wurden.
Wer ist zu dieser Gefährdungsbeurteilung grundsätzlich verpflichtet und wer darf sie nur vornehmen?

3 Ordnen Sie den Gefahrstoffeigenschaften die richtigen Bezeichnungen zu!

Eigenschaften des Stoffes	Bezeichnung
Flüssige Stoffe mit einem Flammpunkt unter 21 °C und einem Siedepunkt unter 35 °C	
Stoffe, die bereits in geringen Mengen bei Einatmen, Verschlucken oder bei Aufnahme über die Haut zum Tode führen können	
Stoffe, die sich bei gewöhnlicher Temperatur an der Luft ohne Energiezufuhr erhitzen und schließlich entzünden können	
Stoffe, die bei Kontakt mit der Haut oder Schleimhaut Entzündungen hervorrufen können	
Stoffe, die geeignet sind, u. a. Wasser, Boden und Luft derart zu verändern, dass Gefahren für die Umwelt herbeigeführt werden	
Stoffe, die meist nicht selbst brennbar sind, jedoch durch Sauerstoffabgabe den Brand brennbarer Stoffe fördern können	
Stoffe, die bei Einatmen, Verschlucken oder bei der Aufnahme über die Haut zum Tode führen oder dauerhafte Gesundheitsschäden verursachen	

4 Welche Anforderungen werden an die Verpackung für gefährliche Stoffe gestellt?

5 Beim Umgang mit gefährlichen Stoffen gelten vier Schutzstufen. Füllen Sie folgende Tabelle entsprechend aus.

Schutzstufe	gilt bei Tätigkeiten mit	Beispiele
1		
2		
3		
4		

6 Welche Angabe muss in einem Sicherheitsdatenblatt nicht enthalten sein? (Bitte ankreuzen!)

(1) Erste-Hilfe-Maßnahmen
(2) Schutzstufe
(3) Handhabung und Lagerung
(4) Angaben zum Transport
(5) Hinweise zur Entsorgung

7 Welche Pflichten hat der Arbeitgeber beim Umgang mit gefährlichen Stoffen zum Schutz der Arbeitnehmer?

____

____

____

____

____

8 Brennbare Flüssigkeiten erfordern besondere Vorsicht.

a) Welche Anforderungen werden an ein Lager für brennbare Flüssigkeiten gestellt?

____

____

____

____

b) Was ist bei der Arbeit mit brennbaren Flüssigkeiten zu beachten?

____

____

____

____

Arbeitsblatt 16: Brandgefahr

1 Ergänzen Sie folgenden Satz:
Damit Feuer entstehen kann, müssen drei Bedingungen zusammenkommen, und zwar

___

2 Zählen Sie Beispiele auf, wie es in Lägern zu einem Brand kommen kann:

___

___

___

3 Um Brand gar nicht erst entstehen zu lassen, können folgende Maßnahmen der Brandverhinderung ergriffen werden:

___

___

___

4 Schon beim Bau bzw. bei der Einrichtung von Lagerräumen können (bzw. müssen) Maßnahmen gegen die Brandgefahr ergriffen werden. Zählen Sie derartige Maßnahmen auf:

___

___

___

___

5 Damit ein Brand frühzeitig erkannt werden kann, sind folgende Einrichtungen geeignet:

___

___

___

6 Schließlich helfen Brandbekämpfungsgeräte oder -anlagen, den Brand zu bekämpfen bzw. die Folgen des Brandes zu begrenzen. (Bitte zählen Sie Beispiele mit kurzen Erläuterungen auf!)

___

___

___

___

7 Bringen Sie die folgenden Tätigkeiten bei der Bekämpfung eines kleinen Feuers im Lager für Packmittel durch Zuordnung der entsprechenden Ziffern in die richtige Reihenfolge!

Feuerlöscher zur Löschung vorbereiten ◯

Die Brandstelle nach dem Erlöschen des Feuers beaufsichtigen ◯

Sich der Brandstelle so weit wie möglich nähern ◯

Den Brandherd mit dem Feuerlöscher ersticken ◯

Feueralarm auslösen ◯

Arbeitsblatt 17: Diebstahlgefahr

Diebstähle sind leider im Lagerbereich, vor allem im Einzelhandel, eine häufige Erscheinung.

1 Unterscheiden Sie die Arten der Diebstähle nach der

Vorgehensweise der Diebe:	Art der gestohlenen Gegenstände:

2 Wer kommt als Dieb in Betracht?

3 Die Folgen des Diebstahls können vielfältig sein. Zählen Sie diese auf,

für den Dieb:	für den geschädigten Betrieb:

4 Der Abschluss von Versicherungen kann keinen Diebstahl verhindern, allenfalls die materiellen Folgen mindern. Es gibt aber eine Reihe von Vorsorge- und Sicherungsmaßnahmen. Zählen Sie diese auf und beurteilen Sie deren Eignung für Ihren Ausbildungsbetrieb!

Vorsorgemaßnahmen	Eignung für den Ausbildungsbetrieb

3 Güter bearbeiten

▶ *Arbeitsblatt 1: Arbeitsmittel und Güterpflege*

1 In jedem Lager gibt es Arbeitsmittel, die eine professionelle Arbeit ermöglichen. Zählen Sie die wichtigsten Arbeitsmittel in Ihrem Lager auf!

____

____

____

____

____

2 Welche möglichen Ursachen könnten Schäden an Gütern haben? Ordnen Sie folgende Gefahrenquellen den entsprechenden Schäden zu: Druck/Stoß, Hitze/Wärme, Feuchtigkeit, Staub, Lichteinwirkung, Kälte/Frost, Trockenheit, Lebewesen

Schäden	Ursachen
Rosten von Metallen, Aufquellen von Holz	______________
Verderben von Frischprodukten, Flüssigkeitsverlust	______________
Ausbleichen von Textilien, Vergilben von Papier	______________
Bruch und Sprünge bei Glas, Verformung von Kartons	______________
Funktionsstörung empfindlicher, technischer Geräte	______________
Zerplatzen von Getränkeflaschen	______________
Geschmacksverlust bei Käse	______________
Fraßschäden an Gütern und Verpackung	______________

3 Welche Pflegemaßnahme bzw. Bedingung ist für Getreide besonders wichtig?

a) Lagerbelüftung ◯

b) Lagerhelligkeit ◯

c) Überwachung der Mindesthaltbarkeit ◯

d) Kühlung der Lagerräume ◯

e) regelmäßige Umlagerung und Reinigung ◯

▶ *Arbeitsblatt 2: Inventur*

Nach dem HGB sind Kaufleute verpflichtet, mindestens einmal im Jahr eine Inventur durchzuführen. Die Inventur bezieht sich auf alle Vermögenswerte und Schulden des Betriebes. Im Lager haben wir es jedoch nur mit den Lagerbeständen zu tun. Am häufigsten ist die sog. **Stichtagsinventur** am Ende des Geschäftsjahres (meist 31.12.).

1 Beschreiben Sie den Ablauf der Inventur in Ihrem Betrieb!

____

____

____

____

Beim Vergleich der bei der Inventur ermittelten Bestände (Ist-Bestand) mit den Beständen der Lagerbuchführung (Soll-Bestand) kann es zu Differenzen kommen.

2 Beschreiben Sie, wie in diesem Fall verfahren wird, und erläutern Sie, worin die Ursachen derartiger Differenzen bestehen könnten.

Die mengenmäßig erfassten Bestände müssen bewertet werden, damit sie ins Inventar bzw. die Bilanz übernommen werden können.

3 Mit welchem Wert müssen sie bewertet werden und welches Prinzip liegt dieser Bewertung zugrunde?

Da die Inventur zum Geschäftsjahresende in manchen Betrieben zu Problemen führt, sind außer der Stichtagsinventur auch andere Formen zulässig.

4 Füllen Sie die folgende Tabelle zur **permanenten Inventur** aus!

Definition	

Vorteile	
Voraussetzungen	

Bei der verlegten Inventur kann die Bestandsaufnahme innerhalb der letzten drei Monate vor bzw. zwei Monate nach dem Bilanzstichtag erfolgen. Da in der Zeit zwischen Stich- und Zähltag Waren hinzukommen bzw. ausgegeben werden, müssen die ermittelten Bestände auf den Bilanzstichtag fortgeschrieben oder zurückgerechnet werden.

5 Ermitteln Sie den Wert der Warenbestände am Bilanzstichtag (31.12.)!

a) Zähltag 10. Oktober; Inventurbestand: 524 800 EUR; Zugänge vom 10.10.–31.12. = 33 400 EUR und Abgänge in dieser Zeit = 64 700 EUR

b) Zähltag 15. Februar nächsten Jahres; Inventurbestand: 1 480 500 EUR; Zugänge vom 31.12.–15.02. = 125 000 EUR und Abgänge in dieser Zeit = 83 600 EUR

Angesichts wachsender Lagergrößen im Hinblick auf Menge und Vielfalt der Waren ist unter bestimmten Bedingungen auch die Stichprobeninventur möglich.

6 Welche Voraussetzungen müssen für den Einsatz dieser Methode erfüllt sein?

____

____

____

____

▶ *Arbeitsblatt 3: Lagerkosten*

Ein Lager verursacht Kosten, die wie folgt unterteilt werden können:

1 Bitte füllen Sie die Tabelle entsprechend aus!

Personalkosten	
Raumkosten	
Warenkosten	
Kosten für Einrichtung und Fördermittel	
Materialkosten	

2 Zeigen Sie Möglichkeiten und ggf. Grenzen der **Kostensenkung** auf!

Personalkosten	
Raumkosten	
Warenkosten	
Kosten für Einrichtung und Fördermittel	

Materialkosten	
	______________________
	______________________

3 Erläutern Sie in Bezug auf das Lager den Unterschied zwischen **fixen und variablen Kosten** und nennen Sie Beispiele!

____

____

____

____

Arbeitsblatt 4: Lagerkennziffern

In einem Handelsbetrieb wurden für einen bestimmten Artikel folgende Lagerbestände ermittelt:

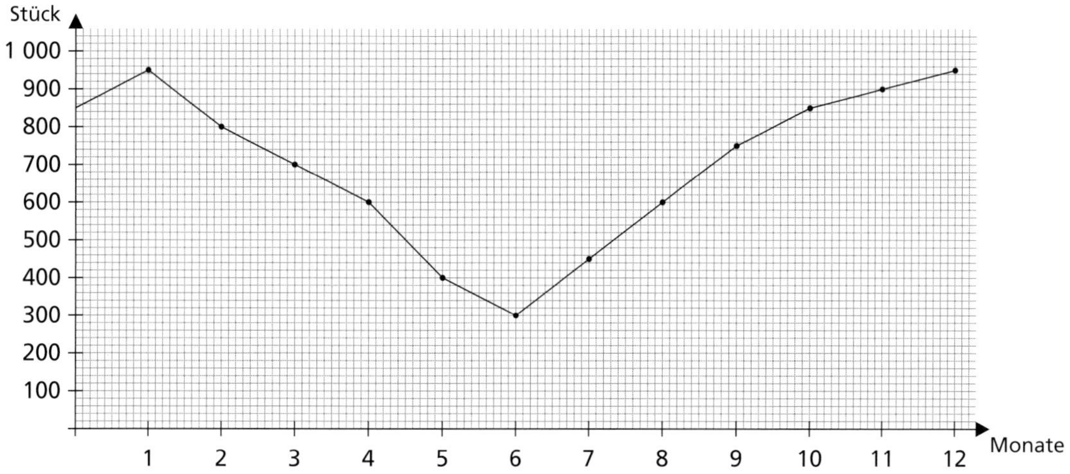

Stück
1 000
900
800
700
600
500
400
300
200
100
1 2 3 4 5 6 7 8 9 10 11 12
Monate

1 Ermitteln Sie den durchschnittlichen Lagerbestand,

a) indem nur der Anfangs- und der Endbestand berücksichtigt werden!

b) indem der Anfangsbestand und die Quartalsendbestände berücksichtigt werden!

c) indem der Anfangsbestand und die Monatsendbestände berücksichtigt werden!

2 Welcher Durchschnittsbestand ist der genaueste und warum?

(Bitte zeichnen Sie den genauen Durchschnittsbestand in der o. a. Grafik ein!)

3 Wie hoch ist der Wert des durchschnittlichen Lagerbestandes, wenn folgende Preise kalkuliert werden:
Einstands- oder Bezugspreis: 100,00 EUR; Verkaufspreis: 150,00 EUR

4 Im o. a. Handelsbetrieb wurden für dieses Jahr und diesen Artikel folgende weitere Zahlen ermittelt:
Warenzugang (von Lieferern) 2 900 Stück
Kosten (umgerechnet auf diesen Artikel) = 60 000 EUR

	Frage/Rechenweg bzw. Formel	Ausrechnung	Ergebnis
a)	**Wie hoch war der Warenabsatz?**		
b)	**Wie hoch war der Wareneinsatz?**		
c)	**Wie hoch war der Warenumsatz?**		

	Frage/Rechenweg bzw. Formel	Ausrechnung	Ergebnis
d)	**Wie hoch ist der Rohgewinn?**		
e)	**Wie hoch ist der Reingewinn?**		
f)	**Wie hoch ist die Umschlagshäufigkeit?**		
g)	**Wie lang ist die durchschnittliche Lagerdauer?**		
h)	**Wie hoch sind die Lagerzinsen, wenn mit einem Bankzinssatz von 8 % gerechnet wird?**		
i)	**Mit welcher Lagerreichweite in Tagen kann gerechnet werden bei einem momentanen Bestand von 820 Stück und laufenden Bestellungen über 380 Stück und einem Tagesverbrauch von 200 Stück?**		

5 Wie würde sich die o. a. Umschlagshäufigkeit verändern, wenn der Wareneinsatz um 40 000 EUR und der Wert des durchschnittlichen Warenbestandes um 10 000 EUR gesunken sind?

6 Welche Erkenntnisse können aus der Höhe der Umschlagshäufigkeit gezogen werden?

7 Welche Maßnahmen sind geeignet, die Umschlagshäufigkeit zu steigern? (Bitte ankreuzen!)

- (a) Erhöhung des Lagerbestandes, durch Einkauf größerer Mengen, um Mengenrabatt auszunutzen
- (b) Verstärkung der Werbemaßnahmen
- (c) Verminderung des Lagerbestandes durch Aussortieren sog. Lagerhüter
- (d) Senkung der Verkaufspreise, um den Absatz zu steigern
- (e) Häufigere Inventuren, um ein exaktes Bild über den tatsächlichen Lagerbestand zu haben.

8 Ergänzen Sie sinnvoll die folgenden Pfeile!
(Dabei gilt: → = konstant; ↑ = Steigerung; ↓ Senkung)

Wareneinsatz	→		↑	→	↓
Lagerbestand	↑	→	↑		→
Umschlagshäufigkeit		↑		↑	

9 Nehmen Sie Stellung zu folgenden Aussagen:

a) „Eine Erhöhung der Umschlagshäufigkeit führt automatisch zu einer Erhöhung des Gewinns!"

b) „Die Erhöhung der Umschlagshäufigkeit kann ohne Probleme durch die Verringerung des Warenbestandes erreicht werden."

4 Güter im Betrieb transportieren

Arbeitsblatt 1: Innerbetriebliche Transportsysteme

1 Ihr Ausbildungsbetrieb plant ein neues Lager.

a) Erklären Sie den Unterschied zwischen dem außerbetrieblichen und dem innerbetrieblichen Materialfluss an einem Beispiel!

Der außerbetriebliche Materialfluss findet zum Beispiel statt zwischen

____

Der innerbetriebliche Materialfluss findet zum Beispiel statt zwischen

____

b) Welche Fragen stellen sich bei der Gestaltung des innerbetrieblichen Materialflusses?

____

____

____

____

c) Welche Ziele verfolgt ein optimaler innerbetrieblicher Materialfluss?

____

____

____

____

d) Nach welchen Kriterien können Transportmittel für den innerbetrieblichen Transport eingeteilt werden?

____

____

____

____

2 Ordnen Sie den folgenden Definitionen die unten stehenden Fachbegriffe zu.

Definitionen

1 Packmittel, die das Fördergut lager-, lade- und transportfähig machen
2 Oberbegriff für Transportmittel für den innerbetrieblichen Transport
3 Fördermittel mit fester Transportstrecke und kontinuierlichem Materialfluss
4 Fördermittel, die hauptsächlich dem Transport in vertikaler Richtung dienen
5 Fördermittel, die durch Induktionsschleifen am Boden oder über Lasertechnik ihren Weg finden
6 Fördermittel, die ihre Last auf dem Boden auf unterschiedlicher Transportstrecke bewegen
7 Fördermittel, das sich nur innerhalb des Regalbereichs bewegt und häufig mit der Regalanlage fest verbunden ist

Fachbegriffe

◯ Flurförderzeuge ◯ Hebezeuge ◯ fahrerlose Transportsysteme
◯ Förderhilfsmittel ◯ Regalbediengerät ◯ Fördermittel
◯ Stetigförderer

3 Nachfolgend sind zwölf verschiedene Fördermittel für den innerbetrieblichen Transport aufgeführt. Ordnen Sie die Fördermittel den Oberbegriffen im darunter stehenden Diagramm zu.
Gabelstapler, Brückenkran, Becherwerk, Gabelhubwagen, Portalkran, fahrerloses Transportsystem, Rollenbahn, Drehkran, Schlepper, Kettenförderer, Aufzug, Röllchenbahn

Fördermittel
- Stetigförderer
- Unstetigförderer
  - Hebezeuge
  - Flurförderzeuge

Stetigförderer	Hebezeuge	Flurförderzeuge
______	______	______
______	______	______
______	______	______
______	______	______
______	______	______

4 Gabelstapler werden am Markt für den jeweiligen Verwendungszweck in unterschiedlichsten Ausführungen und Ausstattungen angeboten. Ordnen Sie den verschiedenen Verwendungszwecken die entsprechende Ausführung/Ausstattung zu.

Verwendungszweck

1 Einsatz nur in geschlossenen Lägern
2 Transport auf kurzen Strecken ohne Einlagerungen in Regalen
3 Hohe Wendigkeit in den Regalgängen
4 Häufige Rückwärtsfahrten
5 Einsatz in Lägern mit brennbaren Gasen
6 Staplereinsatz zum Be- und Entladen von Paletten von Lkws und an Rampen
7 Einlagerung von Paletten in 6 m Höhe
8 Manuelle Einlagerung und Entnahme von Teilen in bzw. aus Regalfächern in 4 m Höhe
9 Staplereinsatz in einem Lager mit geringer Bodenbelastbarkeit

Ausführung/Ausstattung

Vierfachmaststapler ◯

freitragender Stapler ◯

Kommissionierstapler ◯

Gabelhubwagen ◯

dreirädriger Stapler ◯

Ex-geschützter Stapler ◯

Radunterstützter Stapler ◯

Elektrostapler ◯

Seitsitzstapler ◯

5 Stetigförderer sind Fördermittel mit einem festen, gleich bleibenden Transportweg.

a) In welchen Fällen ist der Einsatz von Stetigförderern sinnvoll? Nennen Sie auch Beispiele für den Einsatz von Stetigförderern.

____

____

b) Welche Vorteile hat der Einsatz von Stetigförderern?

____

____

c) Welche Nachteile hat der Einsatz von Stetigförderern?

____

____

d) Worin besteht der Unterschied zwischen flurfreien und flurgebundenen Stetigförderern? Nennen Sie auch jeweils drei Beispiele.

____

____

____

____

____

____

6 Ordnen Sie die abgebildeten Stetigförderer den Fachbegriffen zu:

1

2

Stetigförderer

3

4

5

6

Fachbegriffe:

Röllchenbahn	◯	Rollenbahn	◯
Förderband	◯	Senkrechtförderer	◯
Drehbühne	◯	Becherwerk	◯

7 Ordnen Sie die abgebildeten flurgebundenen Transportmittel den Fachbegriffen zu:

Fachbegriffe:

Handgabelhubwagen	◯	Elektrohubwagen	◯
radunterstützter Stapler	◯	freitragender Stapler	◯
Schubmaststapler	◯	Kommissionierstapler	◯
Hochregalstapler	◯	Regalbediengerät	◯

8 Ordnen Sie die abgebildeten Hebezeuge den Fachbegriffen zu:

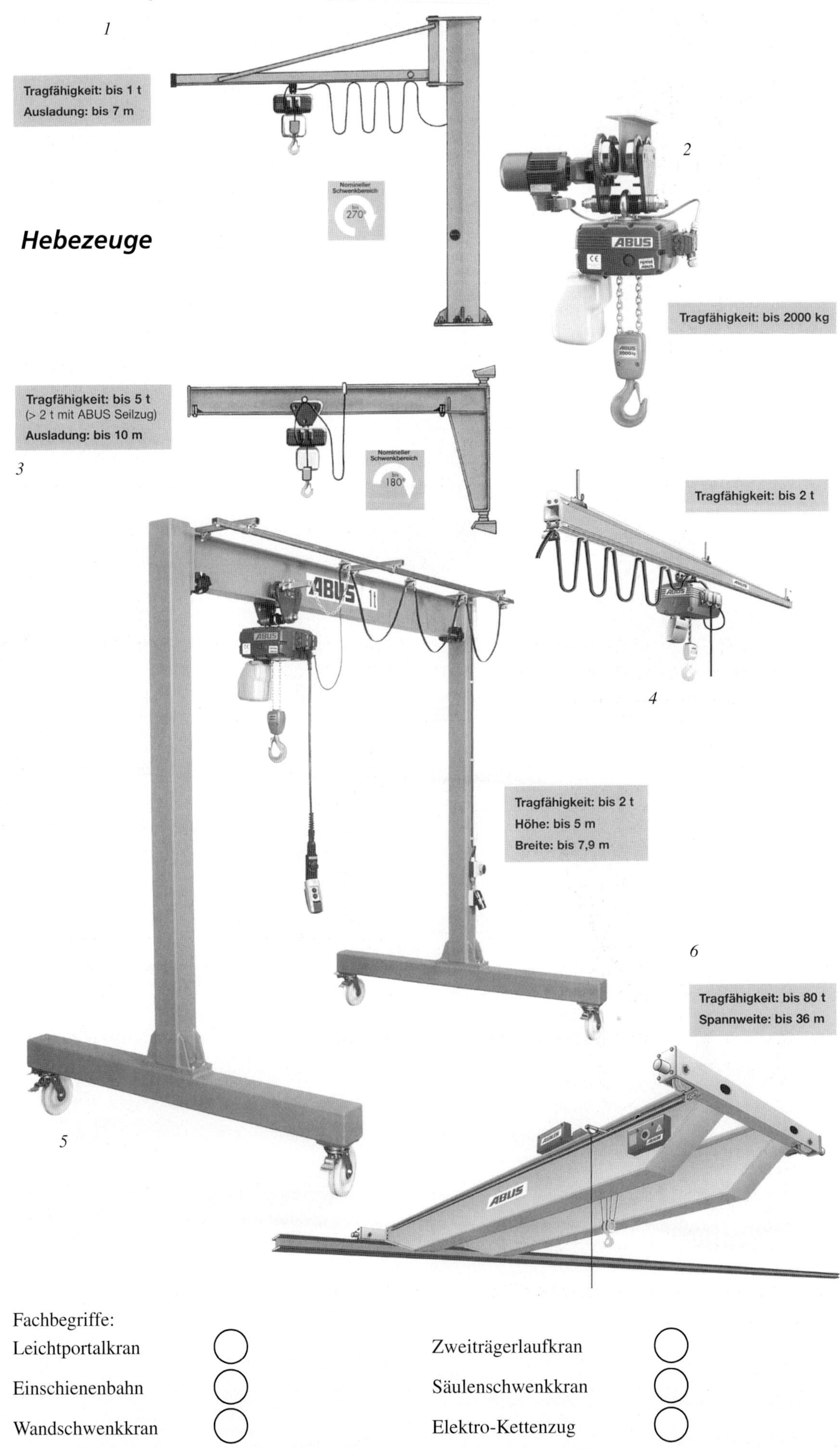

Fachbegriffe:

Leichtportalkran	◯	Zweiträgerlaufkran	◯
Einschienenbahn	◯	Säulenschwenkkran	◯
Wandschwenkkran	◯	Elektro-Kettenzug	◯

9 Ein Behälter aus Eisen ist 1,60 m lang, 1,20 m breit und 1 400 kg schwer. Sein Schwerpunkt liegt in der Mitte des Behälters. Stellen Sie fest, ob und wie der Behälter mit einem Gabelstapler mit dem abgebildeten Lastschwerpunkt-Diagramm in ein Regalfach in 4,5 m Höhe gehoben werden darf.

Höhe in mm	Lastgewicht Q in kg			
5430	910	1060	1290	1440
5030	970	1140	1380	1540
4830	1010	1180	1430	1600
4100	1010	1180	1430	1600
3300	1010	1180	1430	1600
Lastschwerpunkt-abstand in mm	1000	800	600	500

Lastschwerpunkt-Diagramm

10 Beim Einsatz von fahrerlosen Transportsystemen wird dem Fahrzeug vor der Fahrt über EDV der Zielort/Empfangsort eingegeben. Wie findet das Fahrzeug den Weg zum Zielort

a) bei induktiver Steuerung?

b) bei Lasernavigation?

11 Welche Sicherungen werden bei fahrerlosen Transportsystemen eingesetzt, um Zusammenstöße und Unfälle zu vermeiden?

12 Welche rein manuellen Fördermittel kennen Sie, bei denen für den Hebe- und Transportvorgang Menschenkraft erforderlich ist?

13 Worin unterscheiden sich regalabhängige und regalunabhängige Regalbediengeräte?

14 Regalbediengeräte dienen der rationellen Einlagerung und Auslagerung von Gütern in den Regalen.

a) Was versteht man unter der Umschlagsleistung von Regalbediengeräten?

b) Wovon hängt die Umschlagsleistung ab?

▶ *Arbeitsblatt 2: Organisation des Arbeitsschutzes*

Die Sicherheit im Lager ist für Arbeitgeber und Arbeitnehmer gleichermaßen wichtig. Damit die Organisation des Arbeitsschutzes gelingt und alle Beteiligten wissen, welche Aufgaben und Kompetenzen sie in diesem Zusammenhang haben, wurden hierzu in verschiedenen Gesetzen, Verordnungen und Vorschriften Regelungen getroffen.

1 Welche Pflichten hat der Arbeitgeber im Hinblick auf den Arbeitsschutz?

2 Welche Pflichten hat der Arbeitnehmer im Hinblick auf den Arbeitsschutz?

3 In welchen Betrieben ist ein Sicherheitsbeauftragter zu bestellen und welche Aufgaben hat dieser?

4 Wie muss nach § 89 des Betriebsverfassungsgesetzes der Betriebsrat am Arbeits- und Unfallschutz beteiligt werden?

5 Was versteht man unter einer Sicherheitsfachkraft?

6 Welche Aufgaben haben Betriebsärzte und Sicherheitsfachkräfte?

7 Was versteht man unter Berufsgenossenschaften und welche Funktionen haben sie?

8 Welche Berufsgenossenschaft ist für Sie zuständig?

9 Was versteht man unter einem Arbeitsschutzausschuss?

10 Wozu sind Berufsgenossenschaften und Gewerbeaufsichtsämter nach dem Arbeitsschutzgesetz befugt?

▶ *Arbeitsblatt 3: Sicherer Umgang mit Fördermitteln*

Der 17-jährige Robert wird seit einem halben Jahr in einem Sanitärgroßhandel als Fachkraft für Lagerlogistik ausgebildet. Er würde gerne wie seine Kollegen mit dem Gabelstapler fahren und fragt den Lagermeister, wann er endlich die Gelegenheit dazu bekommt. Der Lagermeister klärt ihn über die Voraussetzungen für das Fahren mit dem Gabelstapler auf.

1 Welches sind diese Voraussetzungen?

Nachdem Robert volljährig geworden ist, wird er zu einer Schulung eingeladen, um seinen Staplerführerschein zu machen. Dabei lernt er, dass nicht nur die Eignung des Fahrzeugführers Voraussetzung für sicheres Fahren mit dem Gabelstapler ist. Auch der einwandfreie Zustand des Flurförderzeuges ist wichtig.

2 Welche Maßnahmen sind geeignet, ein sicheres Arbeiten mit dem Gabelstapler zu gewährleisten?

Falscher Umgang mit dem Gabelstapler führt immer wieder zu Unfällen.

3 Wie sind in diesem Zusammenhang folgende Situationen zu beurteilen?

a) Um keine unnötige Zeit zu verlieren, hält sich der Staplerfahrer nicht mit der Überprüfung des Gabelstaplers beim Arbeitsbeginn auf.

b) Weil der Weg von der Halle zum Büro so weit ist, nimmt der Staplerfahrer die Sekretärin ein Stück mit.

c) Beim Abwärtsfahren von einer schrägen Rampe fällt die Palette von den Gabeln.

d) Weil die aufgenommene Last sehr hoch ist, kann der Fahrer den Fahrweg nicht vollständig einsehen.

e) Um einen Lkw schneller entladen zu können, nimmt der Staplerfahrer die Gabeln schon wieder hoch, während er vom Lager zum Lkw fährt.

f) Die Leuchtröhre an der Hallendecke muss ausgewechselt werden. Der auf den Staplergabeln heraufgefahrene Kollege erledigt dies im Nu.

g) Um keine Zeit zu verlieren, parkt der Fahrer während des Gangs zur Toilette den betriebsbereiten Gabelstapler.

4 a) Welche Grundregeln sollten beim Heben und Tragen beachtet werden, damit die Belastung der Wirbelsäule und der Bandscheiben gering gehalten wird?

b) In einem Betrieb sind häufig flächige Güter wie Glasscheiben und Stahlbleche, aber auch gebündeltes Stabeisen per Hand zu transportieren. Welche Transporthilfen eignen sich hierfür?

5 Die körperliche Belastung beim Heben und Tragen von Gütern hängt u. a. ab von Alter und Geschlecht sowie der Häufigkeit.

a) Welche Gewichte sollten Männer und Frauen beim Heben und Tragen nicht überschreiten?

b) Für welche Personengruppen gibt es Sonderregelungen?

6 Welche Verhaltensregeln zur Unfallverhütung sollten beim Einsatz von Kränen zur Beförderung von Gütern beachtet werden?

7 Beim Umgang mit dem Kran sind mathematische Kenntnisse gefragt.

a) Welcher Zusammenhang besteht zwischen dem Neigungswinkel β und der Tragfähigkeit von Anschlagmitteln wie Ketten, Stahlseilen oder Bändern?

b) Stellen Sie diesen Zusammenhang jeweils in einer Zeichnung mit einem 30°-Winkel und einem 60 °-Winkel dar.

Strang mit 30°-Winkel | Strang mit 60°-Winkel

c) Ermitteln Sie unter Verwendung der abgebildeten Tragfähigkeitstabelle die Tragfähigkeit in kg bei einer zweisträngigen Kette mit einer Ketten-Nenndichte von 10 mm und einem Neigungswinkel von 30°.

Ketten-nenn-dicke mm	Tragfähigkeit in kg im geraden Strang				
	90°	β		β 120°	β
	1-strang	2-strang		3- und 4-strang	
Neigungs-winkel β	0	0-45°	45-60°	0-45°	45-60°
8	530	700	530	1 100	800
10	850	1 200	850	1 800	1 300
13	1 400	2 000	1 400	3 000	2 100
16	2 200	3 000	2 200	4 600	3 300
18	3 500	5 000	3 500	7 500	5 300
20	4 500	6 300	4 500	9 500	6 700
22	5 600	7 800	5 600	11 800	8 400
26	7 000	10 000	7 000	14 500	10 500
28	9 000	12 500	9 000	18 500	13 500
32	11 200	15 500	11 200	23 500	16 800

d) Ein Behälter mit einem Gewicht von 8 t soll mit einem Kran auf einen Lkw verladen werden. Als Anschlagmittel werden vier Ketten verwendet. Der Neigungswinkel der Ketten beträgt 30° bis 40°. Welche Ketten-Nenndicke in mm ist mindestens erforderlich?

5 Güter kommissionieren

▶ Arbeitsblatt 1: Grundlagen der Kommissionierung

1 Erklären Sie den Begriff „Kommissionieren“!

____

____

____

____

2 Ordnen Sie die Begriffe „Erfassen“, „Aufbereiten“, „Weitergeben“, „Quittieren“ den folgenden Vorgängen richtig zu!

Die Bestelldaten werden im „Real-Time-Modus“ oder für einen ganzen Tag gesammelt und dann stapelweise geordnet. ______________________________

Nachdem die Bestelldaten im EDV-System eingegeben wurden, wird festgestellt, ob Lieferbereitschaft besteht. ______________________________

Die Entnahme der zu kommissionierenden Ware bestätigt der Kommissionierer entweder nach jeder Position oder nach Erledigung des gesamten Auftrages. ______________________________

Der Kommissionierer erhält den Kommissionierauftrag schriftlich oder beleglos im Online-Verfahren bzw. über ein infrarot- oder funkgesteuertes Kleinterminal mit Display. ______________________________

3 Grundsätzlich werden bei der manuellen Kommissionierung zwei Kommissioniersysteme unterschieden: die **statische und die dynamische Bereitstellung.**

a) Wodurch unterscheiden sich diese Systeme?

____

____

____

____

____

b) Welche Regalarten eignen sich für die dynamische Bereitstellung?

____

____

____

c) Zählen Sie jeweils drei **Vorteile** der beiden Kommissioniersysteme auf!

statische Bereitstellung	dynamische Bereitstellung

d) Bringen Sie die Tätigkeiten beim „Mann-zur-Ware-System" in die richtige Reihenfolge!

Transport der kommissionierten Waren zum Versandplatz ◯

Entgegennahme des Kommissionierauftrages ◯

Überprüfung, ob im Lagerfach die richtige Ware liegt ◯

Ermittlung des Lagerfaches gemäß Kommissionierauftrag ◯

Entnahme (Greifen) der gewünschten Ware ◯

Gang zum Lagerfach mit der gewünschten Ware ◯

4 Die Entnahme der Güter kann manuell, mechanisch oder automatisch erfolgen. Nennen Sie je einen Vor- bzw. Nachteil dieser Entnahmearten!

Entnahmeart	Vorteile	Nachteile
manuell		
mechanisch		
automatisch		

▶ Arbeitsblatt 2: Kommissioniermethoden

1 Wie werden folgende **Kommissioniermethoden** genannt?
Kommissionierer A führt den gesamten Auftrag allein aus. Anschließend kommissioniert er den nächsten Auftrag und so weiter.

____

Kommissionierer A entnimmt für einen Auftrag die Artikel aus Lagerzone I, übergibt den Auftrag und die entnommenen Artikel an Kommissionierer B, der dem Auftrag die Artikel „seiner" Lagerzone hinzufügt und den Auftrag seinerseits an Kommissionierer C weitergibt. Der letzte Kommissionierer bringt den kompletten Auftrag zum Versandplatz.

____

2 Ergänzen Sie folgende Sätze:

Bei der ____________________ Kommissioniermethode wird ein Kundenauftrag in Teilaufträge aufgeteilt. Mehrere Kommissionierer können nun gleichzeitig diesen Auftrag bearbeiten. Nach erfolgter Kommissionierung werden die Teilaufträge wieder zu einem kompletten Auftrag zusammengeführt.
Der Vorteil dieser Methode besteht in ______________________________ .
Allerdings erfordert diese Methode eine aufwendige ____________________
und ____________________. Außerdem besteht die Gefahr der ____________________
____ .

3 Wenn die Kommissionierer die Artikel mit hoher Gängigkeit (Schnelldreher) aus den Regalen in der Nähe des Hauptganges entnehmen können und nur gelegentlich einmal in die Quergänge hineingehen müssen, um Artikel mit geringerer Gängigkeit zu entnehmen, spricht man von der sog. ____________________ .

4 Was versteht man unter der **1. und 2. Kommissionierstufe** bei der **serienorientierten, parallelen Kommissionierung** und worin besteht der entscheidende **Vorteil** dieser Kommissioniermethode?

____

____

____

____

____

____

5 Welche Möglichkeiten der automatischen Kontrolle der kommissionierten Ware gibt es?

____

____

____

Arbeitsblatt 3: Kommissionierzeiten und -leistung

1 Ordnen Sie die jeweiligen Tätigkeiten den Zeitarten der Kommissionierzeiten zu!
Zeit, die benötigt wird, um

A die Artikel dem Regalfach zu entnehmen
B zu kontrollieren, ob der entnommene Artikel richtig ist
C auf die Toilette zu gehen
D ein Kommissionierfahrzeug zu holen
E zu den Lagerplätzen zu gehen

◯ Basiszeit

◯ Wegzeit

◯ Greifzeit

◯ Totzeit

◯ Verteilzeit

2 Nennen Sie je ein Beispiel, wie die jeweiligen Zeitarten verkürzt werden können!

Basiszeit	______________________________
	______________________________
Wegzeit	______________________________
	______________________________
Greifzeit	______________________________
	______________________________
Totzeit	______________________________
	______________________________
Verteilzeit	______________________________
	______________________________

3 Welche Rolle spielen das Betriebsklima und die persönliche Einstellung des Kommissionierers zu seiner Arbeit im Hinblick auf die Kommissionierzeiten bzw. die Kommissionierleistung?

____

____

____

____

4 Wovon hängt die Kommissionierleistung **nicht** ab?

a) von der Kommissioniermethode ○

b) von den eingesetzten Fördermitteln ○

c) vom Kommissioniersystem ○

d) vom Auftragsumfang ○

e) vom Wert der Güter ○

5 Wie viele Positionen schafft ein Kommissionierer pro Stunde, wenn er im Durchschnitt für eine Position 120 Sekunden benötigt? (Nehmen Sie die Formel zur Messung der Kommissionierleistung zur Hilfe!)

6 Ermitteln Sie folgende Kennzahlen!

a) Wie hoch sind die Kommissionierkosten pro Position, wenn die Betriebskosten pro Stunde 550,00 EUR betragen und mit einer Kommissionierleistung von 3850 Positionen pro Stunde gerechnet werden kann?

b) Wie hoch ist die durchschnittliche Anzahl der Kommissionierpositionen pro Auftrag, wenn insgesamt 12864 Positionen bei 2360 Aufträgen kommissioniert wurden?

c) Wie hoch ist die Fehlerquote eines Kommissionierers in Prozent, wenn bei insgesamt 1375 Kommissionierungen 22 Fehler passiert sind?

d) Wie hoch sind die Kommissionierkosten pro Auftrag, wenn bei 3482 Kommissionieraufträgen mit Gesamtkosten in Höhe von 86 435,00 EUR gerechnet wird?

7 Unter welchen Umständen bekommen die Kennzahlen zur Beurteilung der Kommissionierleistung eine Aussagekraft?

6 Güter verpacken

Arbeitsblatt 1: Begriffe im Verpackungsbereich

1 Ordnen Sie folgenden Beispielen entsprechende **Fachbegriffe** aus dem Verpackungswesen zu (es können auch mehrere Begriffe zutreffen).

Beispiel(e)	Fachbegriff(e)
(leere) Gitterbox	
Luftpolster, -kissen	
Holz	
(leere) Schachtel	
Inhalt einer Schachtel	
Joghurtbecher	
Klebeband, Schnur	
Holzkiste mit Inhalt	
EUR-Palette	
versandfähige Packung	

2 **Ergänzen** Sie den Text (fehlenden Fachbegriff einsetzen).

a) Packmittel + Packhilfsmittel = ______________________

b) Packgut + Verpackung = ______________________

3 Wodurch unterscheiden sich

a) Packmittel und Packstoff?

____

____

b) Packmittel und Packhilfsmittel?

____

____

c) Packgut und Packstück?

____

____

4 Nennen Sie **jeweils zwei Beispiele** für Einweg- und Mehrwegpackmittel aus **Ihrem Betrieb**.

Einwegpackmittel	Mehrwegpackmittel

Arbeitsblatt 2: Funktionen der Verpackung

1 Tragen Sie in die Umrandung jeweils eine Funktion der Verpackung (**farbig**) ein und erklären Sie darunter die jeweilige Funktion kurz in eigenen Worten.

Die wichtigsten Aufgaben der Verpackung

Schutzfunktion	Information	Marketing	Transport	Lagerfunktion

2 Ordnen Sie den folgenden Aussagen **jeweils eine Funktion** der Verpackung zu.

a) Gefährliche Güter müssen in besonders sicheren Packmitteln verpackt werden: ____________

b) Die passende Verpackung ermöglicht die Selbstbedienung in Supermärkten: ____________

c) Symbole auf der Verpackung weisen auf den richtigen Transport bzw. richtige Lagerung hin: ____________

d) Ein Lkw lässt sich durch Verwendung von genormten EUR-Paletten ohne Leerraum voll beladen: ____________

e) Durch das Stapeln von Gitterboxen kann der Lagerraum optimal genutzt werden: ____________

f) Durch Verwendung einer geeigneten Verpackung kommt die Ware unbeschädigt beim Empfänger an: ____________

▶ Arbeitsblatt 3: Beanspruchungen der Verpackung

1 Welche **mechanischen** Beanspruchungen können auf Packstücke einwirken? Nennen Sie vier.

① ______________________ ③ ______________________

② ______________________ ④ ______________________

2 Welcher **mechanischen** Beanspruchung wird durch folgende Vorsorgemaßnahme jeweils vorgebeugt?

	Maßnahme	
a)	Packstücke werden auf der Lkw-Ladefläche durch Holzkeile gesichert.	
b)	Schwere Packstücke werden unten, leichtere darüber gelagert.	
c)	Im Lager sind die Fahrwege (für Stapler usw.) breit und übersichtlich.	
d)	Empfindliche Ware wird in Gitterboxen gelagert/gestapelt.	
e)	Der Leerraum zwischen den gestapelten Paletten auf der Lkw-Ladefläche wird mit großen Luftkissen ausgefüllt.	
f)	Die Paletten haben luftgefederte Dämpfungselemente an den Füßen.	
g)	Die Schachteln auf einer Flachpalette werden für den Transport mit Stretchfolie umwickelt.	
h)	Packstücke werden auf der Ladefläche mit Spanngurten festgezurrt.	

3 Wodurch kann die **Schubwirkung** beim Transport von Packstücken auf einem Lkw verursacht werden? Nennen Sie drei Möglichkeiten.

① ______________________

② ______________________

③ ______________________

4 Von welchen **Faktoren** hängt die Beschädigung der Ware ab, wenn ein Packstück zu Boden fällt? Nennen Sie drei.

① ______________________

② ______________________

③ ______________________

5 Durch welche Maßnahmen kann – im Zusammenhang mit der Verpackung – gegen die Gefahr des **Diebstahls** vorgebeugt werden? Nennen Sie zwei.

① ______________________

② ______________________

6 Wie kann man das Packgut verpackungstechnisch vor **klimatischen Beanspruchungen** schützen? Nennen Sie zwei Möglichkeiten.

① ______________________

② ______________________

▶ *Arbeitsblatt 4: Verpackungskennzeichen*

1 Welche **Bedeutung** haben folgende Verpackungssymbole?

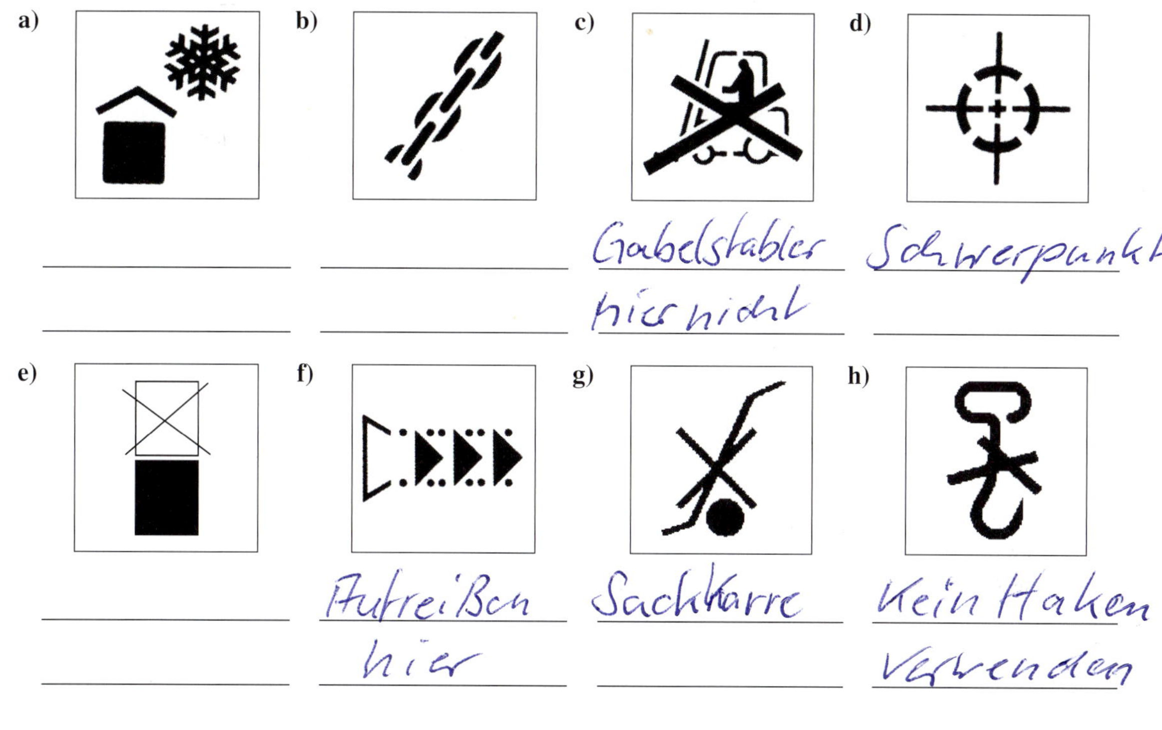

2 **Zeichnen Sie** für folgende Hinweise die entsprechenden **Symbole**.

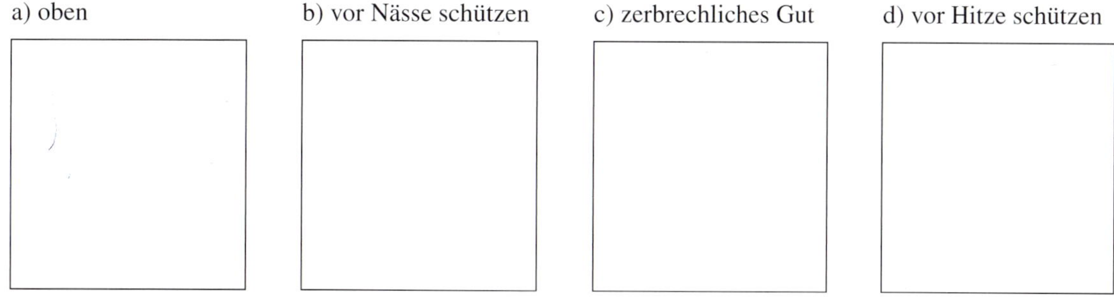

3 Auch bei der Verpackung setzen sich immer mehr internationale (vor allem englische) Begriffe durch. Was bedeuten folgende Begriffe in **Deutsch**?

a) keep upright ____________________

b) lift here ____________________

c) net weight ____________________

d) this side up ____________________

e) sling here ____________________

f) liquids ____________________

g) gross weight ____________________

h) use rollers ____________________

i) fragile ____________________

Arbeitsblatt 5: Packmittel (aus Holz bzw. Pappe)

1 Welche **Vorteile** bieten Packmittel aus Holz bzw. Pappe gegenüber Kunststoff-Packmitteln? Nennen Sie zwei.

① ______________________________

② ______________________________

2 Welches **Packmittel aus Holz** empfehlen Sie für folgende Packgüter?

a) zerbrechliche Ware (z. B. Glas, Porzellan): ______________

b) stapelbare, unempfindliche Ware (z. B. Betonsteine): ______________

c) sehr schwere, große (sperrige) Maschine: ______________

d) offenes Obst (z. B. Äpfel): ______________

3 a) Welcher Unterschied besteht zwischen KARTON und SCHACHTEL?

Karton: ______________________________

Schachtel: ______________________________

b) Welche (grundsätzlichen) **Packstoffe** können zur Herstellung einer Schachtel verwendet werden?

① ______________ ② ______________ ③ ______________

c) Welche **Vorteile** bietet Wellpappe gegenüber Vollpappe? Nennen Sie zwei.

① ______________________________

② ______________________________

d) Skizzieren Sie eine mehrseitig beklebte, zweiwellige Wellpappe mit zwei unterschiedlich hohen Wellen.

Skizze:

4 Welches **Packmittel aus Karton/Pappe** empfehlen Sie für folgende Packgüter?

a) ein Drucker für den PC: ______________

b) große Menge leichtes Isoliermaterial (aus Styropor): ______________

c) ein Buch (Lexikon): ______________

5 Nennen Sie drei **Vorteile** von Packmitteln aus Karton/Pappe.

① ______________________________

② ______________________________

③ ______________________________

Arbeitsblatt 6: Packmittel (Behälter aus Kunststoff bzw. Metall)

1 Nennen Sie Begriffe, die für Behälter (aus Metall/Kunststoff) verwendet werden können:

____

2 Welcher der folgenden Verpackungsbegriffe trifft auf die Behälter aus Kunststoff zu? (**R** für richtig oder **F** für falsch eintragen)

a) ______ Einwegverpackung

b) ______ Mehrwegverpackung

c) ______ Verkaufsverpackung

d) ______ Versandverpackung

e) ______ Packhilfsmittel

f) ______ Packgut

g) ______ Packstoff

h) ______ Packmittel

3 Welcher Kunststoffbehälter ist mit der folgenden Umschreibung jeweils gemeint?

a) Behälter, dessen Maße (modular) auf eine EUR-Palette abgestimmt sind ______________

b) Behälter, die im leeren Zustand durch Drehung ineinandergestellt werden können ______________

c) Behälter, die ähnlich wie eine leere Schachtel zusammengelegt werden können ______________

d) Behälter, die sowohl leer als auch befüllt nur übereinandergestellt werden können ______________

e) Behälter, die im leeren Zustand ineinandergestellt werden können (ohne vorheriges Drehen, Zusammenklappen usw.) ______________

4 a) Welche Größe kann ein **modularer Behälter** maximal haben, damit vier Behälter genau auf eine EUR-Flachpalette (in einer Ebene) gestellt werden können?
Skizzieren Sie die Palette, zeichnen Sie vier Behälter ein und geben Sie anschließend die Maße an.

Skizze:
(nicht
maßstabs-
getreu)

Maße der Behälter:

__________ cm

b) Überlegen Sie, welche Maße die **nächstkleineren Behälter** maximal haben dürfen (damit sie auf die unter a) errechneten Behälter passen). Maße: ______________ cm
Skizzieren Sie ggf. Ihre Überlegungen auf einem Notizblatt.

5 Welche **Vorteile** bietet ein (gewöhnlicher) Collico? Nennen Sie drei.

① ____

② ____

③ ____

Arbeitsblatt 7: Paletten

1 Wie bezeichnet man folgende **Palettenarten**?

	Beschreibung	Bezeichnung
a)	Palette aus Metall mit einem Aufbau aus Baustahlgitter	
b)	Palette, die von allen vier Seiten unterfahrbar ist	
c)	Palette, die genormte Maße hat und getauscht wird	
d)	Holzpalette ohne Aufbau	
e)	Palette aus Metall mit Ständerprofilen an den vier Ecken	

2 Bei der Beladung von Flachpaletten hat man im Allgemeinen die Wahl zwischen **zwei verschiedenen Stapelmöglichkeiten**. Stellen Sie diese beiden Möglichkeiten gegenüber.

a) Skizzieren Sie jeweils die Stapelung von rechteckigen, länglichen Schachteln auf der Palette (vier Lagen).
b) Bezeichnen Sie diese beiden Stapelarten.
c) Nennen Sie jeweils einen Vorteil der beiden Stapelarten.

a) a)

b) ______________________ b) ______________________

c) ______________________ c) ______________________

3 Maße und Gewichte der EUR-Fachpalette:

a) Welche Maße hat eine EUR-Flachpalette in cm? (L x B): ______________________

b) Welches Volumen **in m³** hat eine EUR-Flachpalette, wenn sie 0,85 m hoch beladen wird?

Berechnung: ______________________ Volumen: ____________ m³

c) Wie viele m² Lagerfläche werden für 46 EUR-Flachpaletten benötigt, wenn jeweils vier Paletten übereinandergestapelt werden? ____________ m²

4 Welches **umrandete Kennzeichen** enthält eine EUR-Flachpalette

a) am linken Klotz? ______________

b) am mittleren Klotz? ______________

c) am rechten Klotz? ______________

5 Wodurch kann das Packgut auf einer Flachpalette gesichert werden, damit die Ware gefahrlos transportiert werden kann? Nennen Sie drei Möglichkeiten.

① ______________________________

② ______________________________

③ ______________________________

6 Die **Gitterboxpalette** (Gibo) hat einen großen Stellenwert beim Transport und Lagern von Gütern.

a) Welche **Innen**-Maße hat eine EUR-Gibo in cm? L x B x H: ______________

b) Welches Gewicht kann eine EUR-Gibo max. aufnehmen? ______________ kg

c) Wie viele Schachteln mit den Maßen 40 x 40 x 40 cm passen max. in eine Gibo? ______ Schachteln

7 Welche **Vorteile** bieten Paletten beim Lagern und Versenden? Nennen Sie drei wichtige Gründe.

① ______________________________

② ______________________________

③ ______________________________

8 **Zeichnen Sie** einen Ladeplan für eine maximale Beladung eines Lkws, der mit EUR-Flachpaletten ungestapelt beladen wird. Empfohlener Maßstab: 1:50.
Maße der Lkw-Ladefläche: Länge: 7,50 m; Breite: 2,44 m

Arbeitsblatt 8: Container

1 Beim Einsatz von Containern gibt es **verschiedene Arten** zu unterscheiden.

a) **Container nach Transporteinsatzgebiet** (Wo werden sie eingesetzt?):

① ______________________ ② ______________________

b) **Container-Arten nach Bauart** (nennen Sie vier Arten):

① ______________________ ③ ______________________

② ______________________ ④ ______________________

2 Containergrößen

a) In welcher **Maßeinheit** werden Container in der Größe festgelegt und welcher dezimalen Größe entspricht dies?
Maßeinheit: ______________ entspricht ______________ cm oder ______________ mm

b) Wie lang (Außenlänge) sind die beiden gängigen ISO-Container und wie viel m entspricht dies?

① ____

② ____

3 Welcher Unterschied besteht zwischen BINNEN- und ÜBERSEE-Containern?

Übersee-Container:	**Binnencontainer:**

4 Wie viele EUR-Paletten passen in einer Ebene in einen Binnencontainer?

a) 20'-Binnencontainer? ______________ b) 20'-Übersee-Container? ______________

5 Welchen **ISO-Containertyp** empfehlen Sie für folgendes Packgut?

a) Computer (verpackt in Schachteln) auf Paletten: ______________________

b) unempfindliches Packgut mit einer leichten Überbreite: ______________________

c) offenes Obst und Gemüse: ______________________

d) frischer Fisch: ______________________

e) Packgut, das wegen des Gewichts nur mit einem Kran in den Container verladen werden kann: ______________________

6 Ihr Ausbildungsbetrieb hat Interesse am Transport von Gütern mit Containern.
Informieren Sie sich im **Internet** über mögliche Angebote (Kauf oder Miete von Containern) und erstellen Sie daraufhin eine (fiktive) **Anfrage** bei einem dieser Anbieter mit einem entsprechenden Textverarbeitungsprogramm. Beachten Sie dabei auch die Formvorschriften für den Geschäftsbrief.

Arbeitsblatt 9: Packhilfsmittel

1 Man unterscheidet verschiedene Arten von **Packhilfsmitteln**.
Ordnen Sie die verschiedenen Arten von Packhilfsmitteln den Beispielen zu.

Packhilfsmittel-Arten	Beispiel	Zuordnung
Schutzmittel	Holzwolle	______
Füllmittel	Wellpappe	______
Verschließmittel	Styropor	______
Kennzeichnungsmittel	Ölpapier	______
	Gefahrenetiketten	______
	Luftpolster	______
	Klebeband	______
	Kantenschutzstreifen	______
	Trockenmittel	______
	Draht	______
	Kippindikator	______
	Stretchfolie	______

2 Welches Füllmittel bzw. welches Schutzmittel ist bei den folgenden Packgütern am besten geeignet?

Packgut	Füllmittel/Schutzmittel
Computer	______
Porzellan	______
Bücher	______
Glasscheiben	______
Konservendosen	______

3 Wodurch unterscheiden sich schrumpfen und stretchen?

______

______

4 **Indikatoren**

a) Was sollen sie **allgemein** bewirken?

______

b) Welche Arten gibt es? Nennen Sie drei.

① ______ ② ______ ③ ______

▶ Arbeitsblatt 10: Verpackungen für gefährliche Stoffe/Güter

1 Ordnen Sie die folgenden Beispiele von gefährlichen Stoffen/Gütern den entsprechenden Klassen zu.

Beispiel	Nummer der Gefahrgut-Klasse	Kurze Beschreibung der Gefahr Klasse
Munition	___________	___________
Benzin	___________	___________
Batteriesäure	___________	___________
Uran	___________	___________
Feuerwerkskörper	___________	___________
Wasserstoff	___________	___________
Kohle	___________	___________
Düngemittel	___________	___________
Haarspray	___________	___________

2 Sie erhalten den Auftrag, **Lackdosen** (entzündbarer, flüssiger Stoff) zu verpacken.

a) Um welche Klasse von gefährlichen Stoffen handelt es sich dabei? _________

b) Mit welchem Gefahrgutzettel müssen Sie ein solches Packstück kennzeichnen? Beschreiben Sie das Symbol oder skizzieren Sie das Symbol.

Beschreibung: ___________________________ **Skizze:**

____

____

3 Ein **sehr gefährliches** Packgut ist entsprechend zu verpacken.

a) Welche Verpackungsgruppe ist dafür auszuwählen? ___________

b) Welche Kennzeichnung (Buchstabe) muss diese Verpackung aufweisen? ___________

4 Packmittel für gefährliche Güter müssen eine UN-Codierung (Zulassung) aufweisen.

a) Welche Bedeutung haben die ersten Zeichen nach den Buchstaben „UN“?

____

b) Welche Bedeutung haben die letzten Zeichen (am Ende)?

____

5 Ein Packmittel trägt die Bezeichnung „**1H2**“. Um welches Packmittel handelt es sich?

1: ___________________ H: ___________________ 2: ___________________

6 Welcher Gefahrgutklasse ist dieses Symbol zuzuordnen?

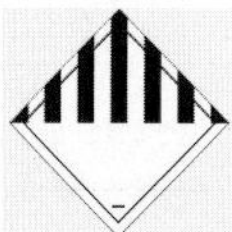

Gefahrgutklasse: ___________

Arbeitsblatt 11: Tätigkeiten beim Verpacken, Kosten der Verpackung

1 Welche hilfreichen **Geräte** benötigt man, um rationell verpacken zu können? Nennen Sie vier Beispiele.

① ______________________ ③ ______________________

② ______________________ ④ ______________________

2 Ergänzen Sie folgende Lücken:

a) Packmittel + Packhilfsmittel = ______________________

b) Einen Arbeitstisch zum manuellen Verpacken bezeichnet man als ______________________

3 Bringen Sie die folgenden Schritte beim Verpacken in die **richtige Reihenfolge**, indem Sie jeweils dahinter die richtige Nummer des Schrittes (1–7) eintragen.

a) Verschließen des Packmittels ◯
b) Auswahl des geeigneten Packmittels ◯
c) Anbringen der Etiketten und der Adresse ◯
d) Zusammenstellen des Packguts ◯
e) Einpacken des Packguts in das Packmittel ◯
f) Bereitstellung zum Abtransport ◯
g) Ausfüllen des Packmittels mit Füllmittel ◯

4 Was versteht man unter Sperrgut?

____

____

5 Wer (**Verkäufer oder Käufer**) hat folgende Kosten der Verpackung zu tragen?
a) Verkaufsverpackung: b) Umverpackung: c) Versandverpackung:

______________ ______________ ______________

6 Bei der Verpackung lassen sich die Kosten in mehrere Gruppen aufteilen.
Nennen Sie zu jeder genannten Gruppe ein Kostenbeispiel.

a) Maschinenkosten: ______________________

b) Materialkosten: ______________________

c) Lohnkosten: ______________________

7 In einem Angebot steht: „Der Preis je kg beträgt 5,40 EUR."
Mit welchem Gewicht muss dieser Preis multipliziert werden, um den Gesamtpreis zu erhalten, wenn keine

a) besonderen vertraglichen Vereinbarungen vorliegen? ______________________

b) zusätzlich „brutto für netto" vereinbart wurde? ______________________

Arbeitsblatt 12: Vermeidung und Entsorgung von Packmitteln

1 Wie heißen die beiden wichtigsten rechtlichen Bestimmungen, wodurch u. a. die umweltgerechte Herstellung und Entsorgung von Verpackungsmaterial geregelt wird?

Gesetz: ______________________________

Verordnung: ______________________________

2 Ergänzen Sie das folgende Kreislaufschema (im Sinne des Kreislaufwirtschafts- und Abfallgesetzes):

Produktion → ______________ → ______________ → Produktion → . . .

3 Welche **Prioritäten** legt das Kreislaufwirtschafts- und Abfallgesetz bei der Entstehung und Verwertung von Abfällen fest?

Erste Priorität: ______________________________ von Abfällen

Zweite Priorität: ______________________________ von Abfällen

Dritte Priorität: ______________________________ von Abfällen

4 Ordnen Sie folgende Beschreibungen jeweils einer Prioritäten-Stufe nach Kreislaufwirtschafts- und Abfallgesetz zu:

① Verpackungsabfälle werden in einer Müllverbrennungsanlage verbrannt und daraus Energie (Heizwärme) gewonnen: ______________

② Bei der Herstellung von Verpackungen wird darauf geachtet, dass die Verpackungen möglichst oft wiederverwendet werden können (Mehrwegverpackungen): ______________

③ Der Karton gebrauchter Schachteln wird in einer Kartonagenfabrik recycelt und zu Wellpappe weiterverarbeitet: ______________

5 Welche **Ziele** verfolgt die **Verpackungsverordnung**? Nennen Sie zwei.

① ______________________________

____

② ______________________________

____

6 Bei welchen Verpackungen besteht eine **Rücknahmepflicht** durch den Vertreiber?

① ______________ ② ______________ ③ ______________

7 Wie bezeichnet man folgende Verpackungen mit dem Fachausdruck? Nennen Sie jeweils ein Beispiel dazu.

Erklärung	Fachbegriff	Beispiel
Verpackung, die als Verkaufseinheit (mit der Ware) angeboten wird und beim Endverbraucher anfällt		
Verpackung, die als zusätzliche Verpackung (zur Verkaufsverpackung) verwendet wird		
Verpackung, die die Beförderung der Ware erleichtert und sie vor Beschädigung auf dem Transport schützt		

8 Duales System Deutschland

a) Warum wurde es gegründet?

b) Was bedeutet „**dual**“ bei diesem System?

c) Woran erkennt man Mitgliedsfirmen bei diesem System?

d) Wie finanziert sich das Unternehmen „Duales System Deutschland AG“?

9 Bei der Entsorgung von Verpackungsabfällen werden in Deutschland zwei verschiedene Systeme angewandt. Nennen Sie die beiden Systeme und erklären Sie das jeweilige System kurz in Stichpunkten.

Entsorgungssysteme

10 Informieren Sie sich im **Internet** über das duale System der Abfallentsorgung in Deutschland. (Wäre das nicht zugleich ein Thema für ein Referat, eine Hausarbeit o. Ä.?)

11 Zielkonflikt von Ökonomie und Ökologie bei Verpackungen

Ökonomie:

Worauf achtet ein Betrieb besonders, der vor allem **ökonomische** Gesichtspunkte bei der Herstellung und Verpackung seiner Produkte verfolgt?

Ökologie:

Worauf achtet ein Betrieb besonders, der vor allem **ökologische** Gesichtspunkte bei der Herstellung und Verpackung seiner Produkte verfolgt?

▶ *Arbeitsblatt 13: Zusammenfassender Test zum Bereich VERPACKUNG in Rätselform*

Angaben zum Rätsel:

1 Verpackung, die mehrmals/oft verwendet wird
2 Mit Stapler unterfahrbares Packmittel
3 Transportbehälter, dessen Maße in Fuß gemessen werden
4 Packstoff, aus dem eine Schachtel hergestellt wird
5 Stoff/Gut, von dem Gefahren ausgehen können
6 Zusammenlegbarer Behälter aus Alu oder Kunststoff
7 Begriff, der fälschlicherweise auch für Schachtel verwendet wird
8 Genormte Palette, die getauscht werden kann
9 Container, der hauptsächlich im Lkw- und Bahntransport eingesetzt wird
10 Verpackung, die nur einmal verwendet wird
11 Leichter, geschäumter Stoff, der als Füllstoff (größere Stücke) dient
12 Beanspruchungsart bei der Verpackung
13 Auch Übersee-Container genannt
14 Geschlossenes Packmittel aus Holz
15 Zweites Entsorgungssystem in Deutschland
16 Palette mit einem Aufbau aus Baustahlgitter
17 Um ein Packstück wird ein Stahl- oder Kunststoffband gezogen
18 Offene Holzkiste für Obst und Gemüse
19 Wiederverwertung

Die **Buchstaben in den fett umrandeten Kästchen** ergeben senkrecht **ein Wort aus dem Verpackungsbereich.**
Trennungs-/Bindestrich = 1 Kästchen; Umlaute (ä, ö ...) sind nicht enthalten.

Lösungswort: ______________________________

7 Touren planen

▶ Arbeitsblatt 1: Internationaler Handel, Wirtschaftszentren

1 Nennen Sie fünf Länder weltweit, mit denen die Bundesrepublik Deutschland in Handelsbeziehungen steht.

______________________ ______________________

______________________ ______________________

____

2 Lösen Sie das folgende Rätsel zu Wirtschaftszentren mithilfe des Lehrbuchs.
Tragen Sie Ihre Lösungen in die Kästchen neben den Aufgabenstellungen ein. Die **fett** umrandeten Felder ergeben von oben nach unten gelesen ein Lösungswort, das mit diesem Lernfeld in enger Verbindung steht.

a) Hafenstadt an der Mündung der Weser in die Nordsee
b) Der Regierungssitz des Freistaates Sachsen ist in
c) Sehr bekanntes Industriegebiet in Deutschland
d) Rhein, Main und ... begrenzen in Süddeutschland ein Logistikzentrum
e) Flughafen in Berlin
f) Der Flughafen in Frankfurt ist nach diesem Fluss benannt
g) Fluss durch München
h) Bundesland im Westen, das durch Schwerindustrie gekennzeichnet ist
i) In Wolfsburg werden ... gefertigt
j) Ort für die Herstellung bzw. Reparatur von Schiffen und Flugzeugen
k) Einer der bedeutendsten Eisenbahnknotenpunkte in Europa

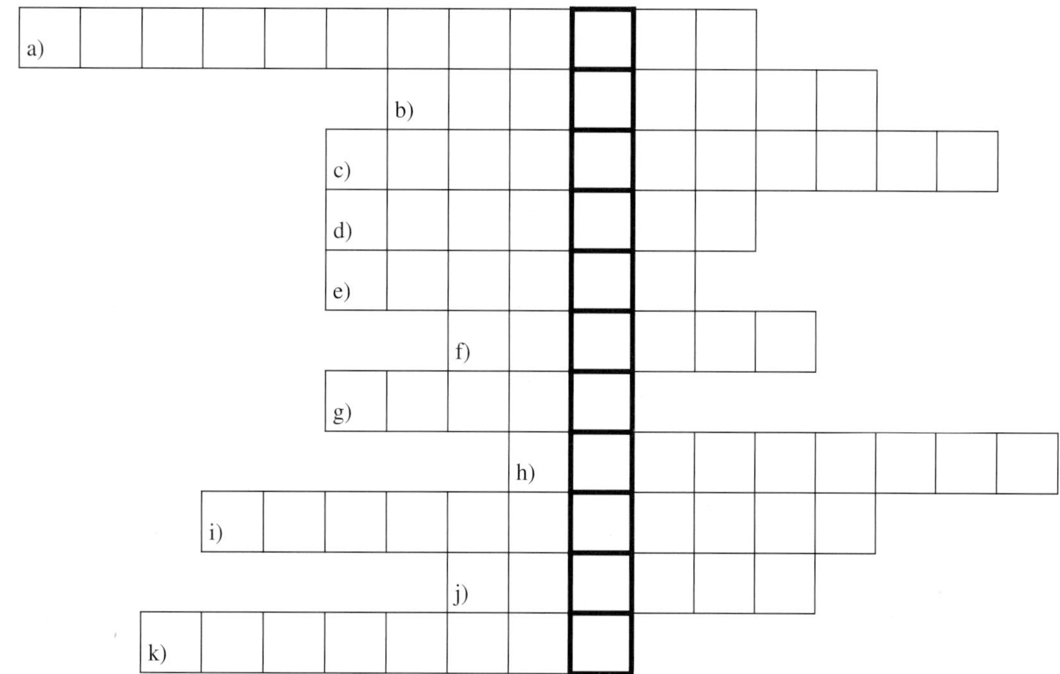

3 Ergänzen Sie die folgende Tabelle.
Bearbeiten Sie die dazugehörigen Seiten des Lehrbuchs und ordnen Sie den gegebenen Informationen die entsprechenden Länder, Erzeugnisse oder auch die geografische Lage zu.

Land	Europa	Welt	Erzeugnisse
	X		Wein, Käse
Spanien			
Australien, Neuseeland			
	X		Papier- und Möbelherstellung
		X	Erdöl
	X		Blumenzucht, Gemüseanbau
Italien			
Indien			

▶ *Arbeitsblatt 2: Verkehrswege innerhalb ausgewählter Wirtschaftszentren*

1 Nennen Sie jeweils drei wichtige
- Nord-Süd-Verbindungen und
- West-Ost-Verbindungen

innerhalb Europas. Betrachten Sie dabei auch verschiedene Verkehrsträger.

2 In New Orleans (USA) wurden 200 t Saatgut bereitgestellt. Der Empfänger in Cincinnati (USA) erwartet die Lieferung des Saatgutes per Binnenschiff.
Welchen Weg sollte der Schiffsführer nehmen? Formulieren Sie Ihre Antwort in ganzen Sätzen.

3 Wie würden Sie dieses Saatgut von Kapstadt nach Pretoria (beide in Südafrika) transportieren? Begründen Sie Ihre Entscheidung.

▶ *Arbeitsblatt 3: Auswahl der geeigneten Verkehrsmittel*

1 Erläutern Sie drei Kriterien für die Wahl des geeigneten Verkehrsmittels/der geeigneten Verkehrsmittel zum Transport von Stückgut von Mecklenburg-Vorpommern nach Bayern (Entfernung ca. 900 km).

➜ *Situationsaufgabe:*

In der LogServ KG mit Sitz in Frankfurt/Main sind Sie in der Abteilung Versand tätig. Entscheiden Sie sich für ein Verkehrsmittel (mit kurzer Begründung), wenn die EDV folgende Aufträge vorgibt:

a) Versand von drei Gitterbox-Paletten mit Maschinenersatzteilen nach Wiesbaden

____

____

____

b) Versand von wichtigen Dokumenten für eine am übernächsten Tag in Tokio (Japan) stattfindende Konferenz

____

____

____

c) Versand von 500 t Eisenschrott nach Emden

____

____

____

▶ Arbeitsblatt 4: Tourenplanung

1 Ein Transportunternehmen wird beauftragt, Güter von Neubrandenburg nach München zu befördern. Dabei soll der Fahrer unterwegs in Kassel, Würzburg und Stuttgart Teilladungen an die dortigen Empfänger abliefern.

a) Wie viel km Umweg fährt der Lkw gegenüber dem kürzesten Weg? Hilfsmittel: Landkarte auf den folgenden Seiten.

b) Mit welchen Staubereichen muss der Fahrer auf der kürzeren Strecke rechnen? Hilfsmittel: Landkarte auf den folgenden Seiten.

a) ______________________________

b) ______________________________

____

2

Entfernungstabelle Deutschland & Europa (Angabe in Kilometern)

	Aachen	Augsburg	Basel	Berlin	Bielefeld	Bonn	Braunschweig	Bremen	Chemnitz	Cottbus	Dortmund	Dresden	Düsseldorf	Emden	Enschede	Erfurt	Essen	Flensburg	Frankfurt (Oder)	Frankfurt a. Main	Freiburg i. Br.	Garmisch-Partenk.	Görlitz	Hamburg	Hannover	Karlsruhe	Kassel	Kiel	Koblenz	Köln	Konstanz	Leipzig	Lübeck	Magdeburg	Mannheim	München	Münster	Nürnberg	Passau	Regensburg	Rostock	Saarbrücken	Salzburg	Schwerin	Stuttgart	Szczecin/Stettin	Trier	Ulm	Wiesbaden	Würzburg	Entfernungen in Deutschland
A Coruña		571	542	635	255	96	423	368	577	729	153	643	80	373	224	440	121	623	699	256	475	694	742	479	355	346	307	562	165	70	574	568	537	497	289	640	207	475	688	571	648	305	790	583	416	818	160	502	231	374	Aachen
Amsterdam	2077		361	588	562	499	584	718	392	566	566	464	557	812	696	418	585	897	651	359	351	151	563	743	599	228	440	836	425	521	186	428	800	536	286	68	623	140	239	149	777	364	226	762	166	787	430	79	371	245	Augsburg
Ankara	4457	3149		873	599	472	663	773	678	845	553	743	538	842	666	584	564	978	940	334	79	366	841	822	677	200	522	916	404	501	144	710	879	757	266	390	605	448	576	534	992	265	531	929	271	1071	325	286	347	385	Basel
Athīnai	4130	2821	1525		393	596	242	394	264	134	492	194	559	521	521	299	525	449	104	543	802	672	217	291	285	672	384	357	595	575	801	189	286	154	615	584	469	437	627	482	228	722	732	214	630	167	715	618	569	496	Berlin
Barcelona	1116	1544	3360	3016		216	180	184	415	487	112	481	179	257	153	278	145	410	456	314	574	679	580	256	113	445	135	349	288	195	645	389	314	255	385	591	93	426	639	522	427	428	741	360	474	579	355	513	307	331	Bielefeld
Beograd	3073	1764	1385	1040	1976		383	336	491	690	117	557	69	350	200	353	98	591	660	163	404	622	655	447	316	275	268	530	79	34	503	482	505	458	218	547	175	382	595	478	617	214	695	551	344	781	142	430	138	281	Bonn
Berlin	2617	659	2660	2316	1855	1276		181	339	335	280	338	346	308	301	180	312	360	305	336	596	701	419	206	72	467	152	298	388	362	667	237	263	104	408	613	256	448	661	545	413	515	762	222	496	422	508	536	362	353	Braunschweig
Bordeaux	989	1085	3501	3157	628	2117	1625		491	488	233	490	285	137	218	339	254	272	457	443	703	835	571	127	130	574	285	210	408	315	797	390	185	256	515	747	167	582	795	678	298	547	901	231	630	566	476	669	427	487	Bremen
Bratislava	2877	1231	1976	1632	1890	592	689	1885		179	445	76	511	619	551	149	478	670	249	392	605	476	175	542	413	476	284	607	445	502	605	78	537	238	465	388	488	241	389	271	479	572	538	465	435	430	564	422	420	300	Chemnitz
Bruxelles	1884	206	3058	2714	1349	1674	763	892	1185		586	108	653	615	617	316	619	598	79	560	780	650	93	441	379	651	478	506	612	669	779	215	436	247	632	562	563	416	564	445	378	739	705	364	608	304	732	597	586	474	Cottbus
București	3684	2204	1124	1106	2587	612	1677	2728	993	2158		511	69	305	131	308	38	488	556	224	484	692	609	343	212	355	164	426	189	96	578	436	399	354	295	604	71	440	652	536	514	328	755	447	419	680	257	505	208	338	Dortmund
Budapest	2996	1408	1782	1438	1900	398	881	2062	197	1362	800		577	618	616	214	543	658	178	458	678	548	105	500	381	548	350	566	510	568	677	113	495	237	530	460	554	314	462	343	438	637	602	423	506	365	630	495	484	372	Dresden
Calais	1861	364	3270	2926	1373	1886	925	869	1384	201	2358	1561		290	143	374	38	540	622	222	467	680	676	395	279	339	231	478	141	39	560	502	453	421	278	606	123	441	654	538	566	279	761	500	402	745	200	488	197	340	Düsseldorf
Dublin	2442	949	3852	3507	1955	2467	1507	1450	1966	783	2939	2143	586		169	466	259	399	585	515	775	929	699	255	257	643	385	338	421	328	869	517	312	383	584	838	194	673	886	769	422	557	978	356	707	685	486	760	474	581	Emden
Frankfurt a. Main	2148	445	2667	2323	1316	1283	558	1156	794	400	1768	970	598	1180		404	123	472	588	348	598	805	704	328	241	473	263	410	267	174	694	516	385	381	730	730	66	568	780	664	498	412	874	435	535	705	337	618	330	458	Enschede
Genève	1880	1000	2721	2376	774	1336	1126	701	1117	713	1948	1294	742	1324	587		340	518	363	255	515	502	313	363	219	386	147	456	307	365	513	140	421	170	326	414	350	267	457	312	488	434	574	474	342	518	427	381	280	199	Erfurt
Glasgow	2683	1189	4092	3748	2196	2708	1747	1691	2206	1024	3180	2383	826	344	1420	1564		509	589	250	495	708	642	364	245	366	197	448	169	76	589	469	422	387	307	635	93	470	683	566	535	309	783	469	430	710	237	516	226	369	Essen
Hamburg	2466	466	3051	2707	1760	1667	306	1474	1007	594	1996	1200	756	1338	498	1075	1578		541	649	909	1014	682	157	309	780	465	91	663	570	980	569	153	435	721	926	422	761	974	857	281	802	1076	234	809	600	731	848	675	666	Flensburg
Hammerfest	5384	3385	4993	4975	4537	3935	2965	4250	3602	3371	3880	3592	3533	4314	3286	3863	4359	2789		607	865	736	169	383	349	736	448	449	659	638	864	253	378	217	678	648	532	501	691	545	321	786	799	307	693	160	779	682	633	560	Frankfurt (Oder)
Helsinki	2542	1816	3675	3657	3167	2618	1260	2688	2324	1945	2563	2503	2107	2745	1859	2301	2796	1226	1574		269	480	557	494	350	140	191	587	116	186	363	383	552	430	81	392	282	224	440	323	732	187	536	599	204	756	181	290	38	126	Frankfurt a. Main
İstanbul	3854	2691	458	1067	2902	927	2201	3043	1517	2600	666	1323	2812	3408	2209	2263	3634	2593	4535	3218		344	776	754	610	132	451	847	329	431	128	642	812	690	195	411	542	376	579	463	990	267	569	859	206	1003	335	281	281	322	Freiburg i. Br.
Kyjiv	3963	2092	1566	2006	2988	1286	1381	2971	1232	2104	912	1091	2266	2862	1851	2269	3088	1672	2970	1652	1566		647	859	715	350	557	952	548	644	214	512	917	620	408	88	750	255	276	214	861	486	180	846	289	874	553	193	494	363	Garmisch-Partenk.
København	2781	781	3088	2743	2075	2026	414	1788	1116	909	2105	1309	1071	1667	812	1390	1897	330	2557	851	2630	1781		524	462	647	449	589	609	667	776	212	519	331	629	559	653	413	561	442	461	736	535	447	605	391	729	594	582	471	Görlitz
Leipzig	2533	654	2535	2190	1692	1151	193	1529	564	711	1552	756	878	1474	395	963	1704	415	3123	1418	2077	1491	572		154	625	310	96	518	425	826	440	68	280	566	771	277	606	819	703	180	658	920	114	655	448	586	694	520	511	Hamburg
Lisboa	605	2317	4679	4334	1337	3294	2858	1229	3117	2124	3906	3218	2101	2697	2388	2093	2927	2707	5483	3920	4221	4203	3021	2761		481	166	247	388	295	682	281	212	147	422	627	189	462	675	559	325	530	776	259	511	470	455	550	376	386	Hannover
London	1985	491	3395	3050	1498	2010	1049	993	1508	326	2482	1685	128	488	722	866	715	885	3661	2094	2937	2390	1195	1002	2225		322	718	200	304	231	513	683	561	66	289	413	247	450	334	861	138	448	729	83	878	204	159	152	193	Karlsruhe
Luxembourg	1935	409	2845	2500	1137	1460	769	943	1014	213	1988	1191	402	998	227	502	1225	624	3400	1837	2387	2063	938	606	2175	527		403	244	247	523	276	368	246	263	469	207	304	517	401	556	371	621	415	353	572	340	392	218	210	Kassel
Madrid	570	1782	3958	3614	617	2574	2322	694	2488	1589	3185	2498	1565	2162	1915	1372	2388	2171	4947	3385	3500	3586	2486	2290	696	1690	1639		615	508	919	506	81	373	659	864	361	699	912	796	193	741	1014	140	747	509	669	787	613	604	Kiel
Malaga	1157	2337	4356	4012	1015	2972	2851	1249	2886	2143	3583	2895	2120	2716	2312	1770	2942	2756	5533	3970	3898	3984	3071	2688	657	2245	2133	564		105	433	436	576	483	143	486	247	336	548	432	689	172	655	623	275	811	136	356	74	241	Koblenz
Marseille	1450	1225	2900	2556	498	1516	1537	639	1430	1030	2127	1440	1055	1651	998	456	1877	1442	4218	2656	2442	2528	1756	1374	1817	1179	818	1096	1494		525	493	483	437	242	571	154	406	618	502	596	243	720	530	366	755	171	452	161	305	Köln
Milano	1930	1072	2410	2065	979	1025	1040	1120	939	875	1637	949	1054	1650	664	321	1876	1113	3901	2339	1952	2037	1428	877	2297	1178	663	1577	1975	519		641	883	762	289	216	636	376	402	336	989	367	400	930	177	1004	433	121	374	321	Konstanz
Mīnsk	3718	1760	2424	2384	2883	1390	1140	2726	1250	1864	1311	1159	2025	2622	1629	2154	2848	1432	2546	1228	1966	573	1541	1269	3958	2150	1841	3481	3879	2565	2068		435	137	455	424	479	278	468	322	378	563	569	364	470	391	555	459	409	336	Leipzig
Moskva	4416	2458	2900	2881	3581	2161	1839	3424	1948	2562	1787	1857	2724	3320	2328	2852	3546	2130	2438	1120	2442	876	2239	1967	4657	2848	2539	4179	4577	3263	2766	698		338	624	829	335	664	877	761	119	716	978	65	712	439	644	752	578	569	Lübeck
München	2375	828	2317	1973	1376	933	587	1383	516	766	1490	693	935	1531	391	602	1757	775	3517	1813	1859	1747	967	424	2694	1059	509	1974	2372	1015	499	1576	2275		502	532	331	385	575	430	325	610	678	310	591	338	602	566	456	448	Magdeburg
Oslo	3311	1311	3908	3563	2605	2523	1158	2319	1854	1439	2843	2047	1601	2241	1354	1932	2427	857	2019	760	3450	2201	624	1271	3551	1729	1468	3016	3601	2287	1970	1961	1878	1632		347	353	236	439	322	803	135	506	670	131	828	179	217	95	182	Mannheim
Palermo	3399	2597	2133	1146	2302	1082	2469	2461	2140	2399	1592	2153	2579	3175	2188	1824	3405	2638	5426	3865	1675	3238	2952	2306	3638	2703	2188	2918	3316	1860	1521	3365	4063	1878	3994		662	166	188	126	773	425	142	758	227	785	491	139	422	275	München
Paris	1575	504	3145	2801	1090	1761	1044	583	1311	310	2285	1489	287	883	583	534	1114	893	3669	2107	2687	2398	1207	956	1815	412	369	1280	1835	769	850	2145	2843	810	1738	2352		497	710	593	448	382	807	382	472	660	314	559	266	396	Münster
Praha	2610	859	2302	1958	1719	918	405	1618	331	888	1320	523	1054	1650	527	989	1881	723	3383	1678	1844	1366	832	244	2851	1179	747	2317	2714	1400	903	1193	1891	387	1534	2268	1045		217	101	626	367	314	612	204	641	411	193	258	110	Nürnberg
Rīga	3716	1750	2806	2777	2932	1737	1111	2716	1358	1855	1694	1373	2016	2656	1635	2203	2843	1392	2340	1023	2348	1103	1501	1270	3949	2141	1880	3433	3962	2648	2117	499	922	1664	894	3473	2155	1301		118	816	570	118	802	398	832	614	310	470	322	Passau
Roma	2474	1669	2033	876	1372	1299	1541	1513	1213	1472	1915	1228	1651	2247	1261	897	2477	1710	4498	2936	1575	2310	2025	1378	2690	1775	1260	1970	2368	912	593	2437	3136	951	2567	948	1425	1341	2545		671	453	201	656	291	715	497	219	354	206	Regensburg
Sankt Peterburg	4327	2361	3245	3226	3494	2187	1711	3327	1853	2466	2132	2072	2627	3267	2241	2765	3454	1997	1757	439	2147	1222	1288	1872	4560	2760	2480	4033	4562	3248	2671	797	689	2180	1197	3969	2755	1796	592	3041		911	935	100	818	249	757	807	757	685	Rostock
Salzburg	2535	973	2194	1849	1517	809	732	1542	378	927	1421	557	1094	1676	536	742	1921	920	3662	1958	1736	1608	1112	569	2835	1219	669	2115	2512	1062	571	1565	2263	142	1777	1916	969	341	1673	989	2168		584	762	219	931	95	295	159	302	Saarbrücken
Sevilla	946	2339	4367	4023	1026	2983	2862	1251	2897	2146	3712	2907	2123	2705	2323	1781	2949	2728	5504	3942	3909	3995	3043	2699	446	2247	2144	566	212	1505	1986	3890	4588	2383	3573	3327	1837	2725	2913	2379	4573	2523		923	382	930	651	300	569	425	Salzburg
Sofija	3311	2104	1007	726	2360	385	1659	2501	975	2058	383	782	2270	2852	1667	1720	3096	2051	4252	2935	549	1283	2086	1534	3678	2394	1844	2958	3356	1900	1409	1683	2159	1317	2908	1306	2145	1301	2065	1033	2504	1193	3367		759	368	690	793	623	615	Schwerin
Stockholm	3489	1489	3743	3398	2783	2358	1071	2497	1771	1617	3186	1964	1779	2419	1532	2110	2606	1035	1897	191	3285	1977	662	1227	3729	1903	1646	3194	3779	2465	2148	1419	1309	1622	571	3672	1916	1487	325	2745	628	1767	3751	2742		833	285	97	216	151	Stuttgart
Strasbourg	2055	596	2696	2351	1109	1311	756	1063	886	435	1860	1063	615	1197	217	402	1441	705	3493	1930	2238	1972	1019	593	2295	739	224	1706	2104	790	478	1784	2482	360	1561	2003	490	619	1833	1075	2467	520	2151	1695	1739		927	821	780	700	Szczecin/Stettin
Venèzia	2183	1343	2152	1807	1232	767	1101	1373	681	1145	1382	695	1325	1907	935	592	2151	1289	4031	2327	1697	1779	1678	938	2550	1449	934	1830	2228	772	281	1906	2604	511	2146	1482	1120	835	2014	555	2510	457	2239	1152	2136	749		361	149	302	Trier
Warszawa	3169	1211	2279	2123	2337	1083	592	2177	704	1315	1167	697	1477	2059	1083	1608	2303	883	2900	1582	1821	791	992	722	3410	1601	1294	2935	3333	2018	1521	551	1249	1030	1411	2819	1596	646	656	1891	1152	1019	3344	1467	1649	1238	1360		302	196	Ulm
Wien	2802	1156	2023	1679	1832	639	656	1810	67	1110	1041	244	1309	1891	719	1042	2135	1103	3638	1930	1565	1298	1084	531	3042	1433	939	2430	2828	1372	881	1286	1984	441	1960	2082	1237	298	1394	1155	1889	303	2839	1023	1739	811	624	739		157	Wiesbaden
Zürich	2015	820	2634	2290	1064	1250	851	938	832	623	1806	1010	802	1384	407	289	1628	872	3660	2234	2176	1985	1187	688	2382	926	411	1661	2059	745	287	1879	2577	318	1729	1812	652	714	1928	884	2562	458	2070	1634	1907	226	558	1333	758		Würzburg
Entfernungen in Europa	A Coruña	Amsterdam	Ankara	Athīnai	Barcelona	Beograd	Berlin	Bordeaux	Bratislava	Bruxelles	București	Budapest	Calais	Dublin	Frankfurt a. Main	Genève	Glasgow	Hamburg	Hammerfest	Helsinki	İstanbul	Kyjiv	København	Leipzig	Lisboa	London	Luxembourg	Madrid	Malaga	Marseille	Milano	Mīnsk	Moskva	München	Oslo	Palermo	Paris	Praha	Rīga	Roma	Sankt Peterburg	Salzburg	Sevilla	Sofija	Stockholm	Strasbourg	Venèzia	Warszawa	Wien	Zürich	

Die Entfernungstabellen von Deutschland (rot) und Europa (blau) dürfen nicht miteinander verknüpft werden. Die Tabellen sind jeweils nur getrennt zu benutzen.

Die Entfernungsangaben wurden unter bestmöglicher Benutzung der Autobahnen, Bundes- und Nationalstraßen berechnet. Es wird jeweils die schnellste Verbindung zwischen zwei Orten angegeben, nicht unbedingt die kürzeste. Fährverbindungen werden bei den Kilometerangaben nicht berücksichtigt.

a) Ermitteln Sie aus der abgebildeten Entfernungstabelle die Entfernungen von

a) Berlin nach Paris ______

b) München nach Lissabon ______

c) Hamburg nach Warschau ______

d) Leipzig nach Stockholm ______

e) Frankfurt nach Rom ______

f) Madrid nach St. Petersburg ______

b) Besorgen Sie sich eine Europakarte und ermitteln Sie die Entfernungen in Luftlinie gemäß dem Maßstab der Landkarte.

a) Berlin nach Paris ______

b) München nach Lissabon ______

c) Hamburg nach Warschau ______

d) Leipzig nach Stockholm ______

e) Frankfurt nach Rom ______

f) Madrid nach St. Petersburg ______

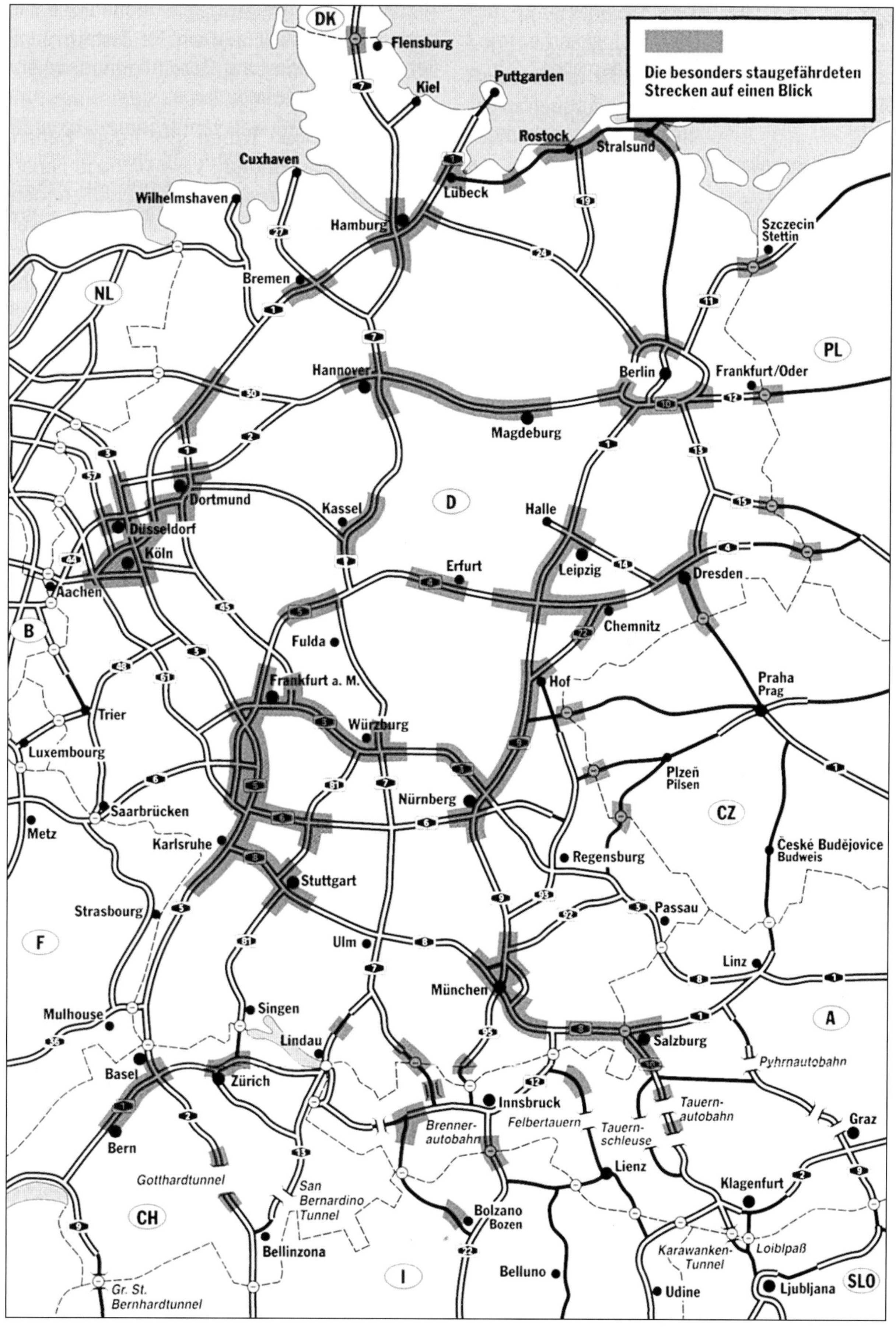

Staubereiche auf den Autobahnen

(Quelle: Ritter u. a.: Reiseverkehrsgeographie, 5. Auflage, 1997, Gehlen Verlag, S. 30.)

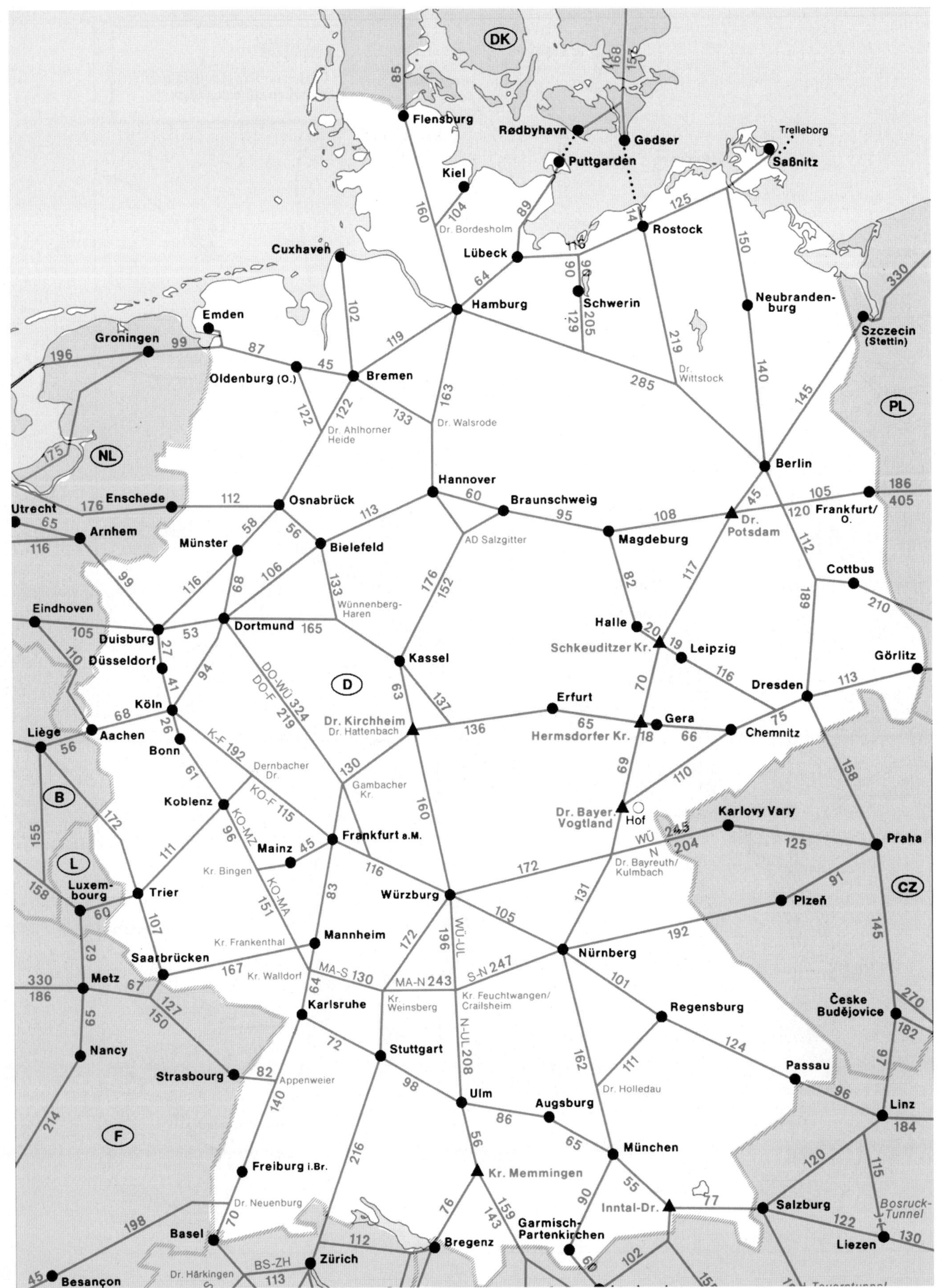

Großkilometrierung zwischen deutschen Verkehrszentren

→ *Situationsaufgabe:*

Als Mitarbeiter in der zentralen Teileauslieferung der Automobil AG in Halle an der Saale haben Sie die Aufgabe, die Autohändler der Umgebung mit Teilen zu beliefern.

Ihnen liegt die nachstehende Liste der Händler vor, die am nächsten Tag die bestellten Teile erhalten sollen. Für die Auslieferung stehen Ihnen zwei Lastkraftwagen zur Verfügung, aber nur ein Fahrer.

Es sind zwei Touren geplant:
Tour 1 am Vormittag Tour 2 am Nachmittag
Arbeitsbeginn ist 07:00 Uhr, Mittagspause für den Fahrer von 12:00 bis 13:00 Uhr.
Beide LKW verfügen über ein maximales Ladegewicht von je 3.500 kg.

Liste mit den Lieferungen für den morgigen Tag:

Adresse des Kunden	Bestellung des Kunden	Anzahl	Gewicht pro Stück	Bemerkungen
Max Müller KG 06749 Bitterfeld	Motorenöl Bremsklötze Fahrradständer	100 32 5	1,0 kg 6,5 kg 15,0 kg	
Autohaus Schulte 04509 Delitzsch	Auspuff Lautsprecher Kotflügel Reifen	5 4 2 16	7,2 kg 3,0 kg 35,0 kg 9,0 kg	
Kluge Autohandel 06333 Hettstedt	Schalter Gewindestäbe Felgen Frontscheibe	20 50 4 3	0,75 kg 1,5 kg 7,25 kg 16,0 kg	ab 13:00 Uhr
Ingo Schmidt GmbH 06420 Könnern	Achse Lautsprecher Tür Bremsscheiben	2 4 2 20	175,0 kg 3,0 kg 75,0 kg 7,4 kg	
Autohaus Landsberg 06188 Landsberg	Motorenöl Kotflügel Felgen	200 6 12	1,0 kg 36,5 kg 5,5 kg	bis 08:00 Uhr
Keller & Nagel 06295 Lutherstadt Eisleben	Motorenöl Schrauben Reifen	100 500 4	1,0 kg 2,0 kg je 100 Stück 10,0 kg	ab 15:00 Uhr
Schnur & Sohn Autoreparatur 06343 Mansfeld	Frontscheibe Autoradio Achse	2 2 2	17,5 kg 6,0 kg 165,0 kg	
Autopark Seidl 06217 Merseburg	Lautsprecher Achse Kotflügel	4 2 1	3,0 kg 160,0 kg 40,0 kg	
Mutze & Schreiber 04435 Schkeuditz	Felgen Reifen Motorenöl Tür	6 10 200 2	7,0 kg 9,0 kg 1,0 kg 67,5 kg	bis 12:00 Uhr

1 Planen Sie die Routen für Tour 1 und Tour 2 nach der vorliegenden Landkarte und tragen Sie die anzufahrenden Orte und Kunden in einer sinnvollen Reihe in die abgebildeten Tourenpläne ein! Berücksichtigen Sie dabei die zeitlichen Sonderwünsche der Kunden!

2 Errechnen Sie das Gewicht der Ladung je LKW und tragen Sie dieses ebenfalls in den Tourenplan ein!

Automobil AG

Tourenplan

Tour 1
Ladegewicht gesamt: ____________________

laufende Nummer	Ort	Empfänger	Gewicht
1			
2			
3			
4			
5			
6			

Automobil AG

Tourenplan

Tour 2
Ladegewicht gesamt: ____________________

laufende Nummer	Ort	Empfänger	Gewicht
1			
2			
3			
4			
5			
6			

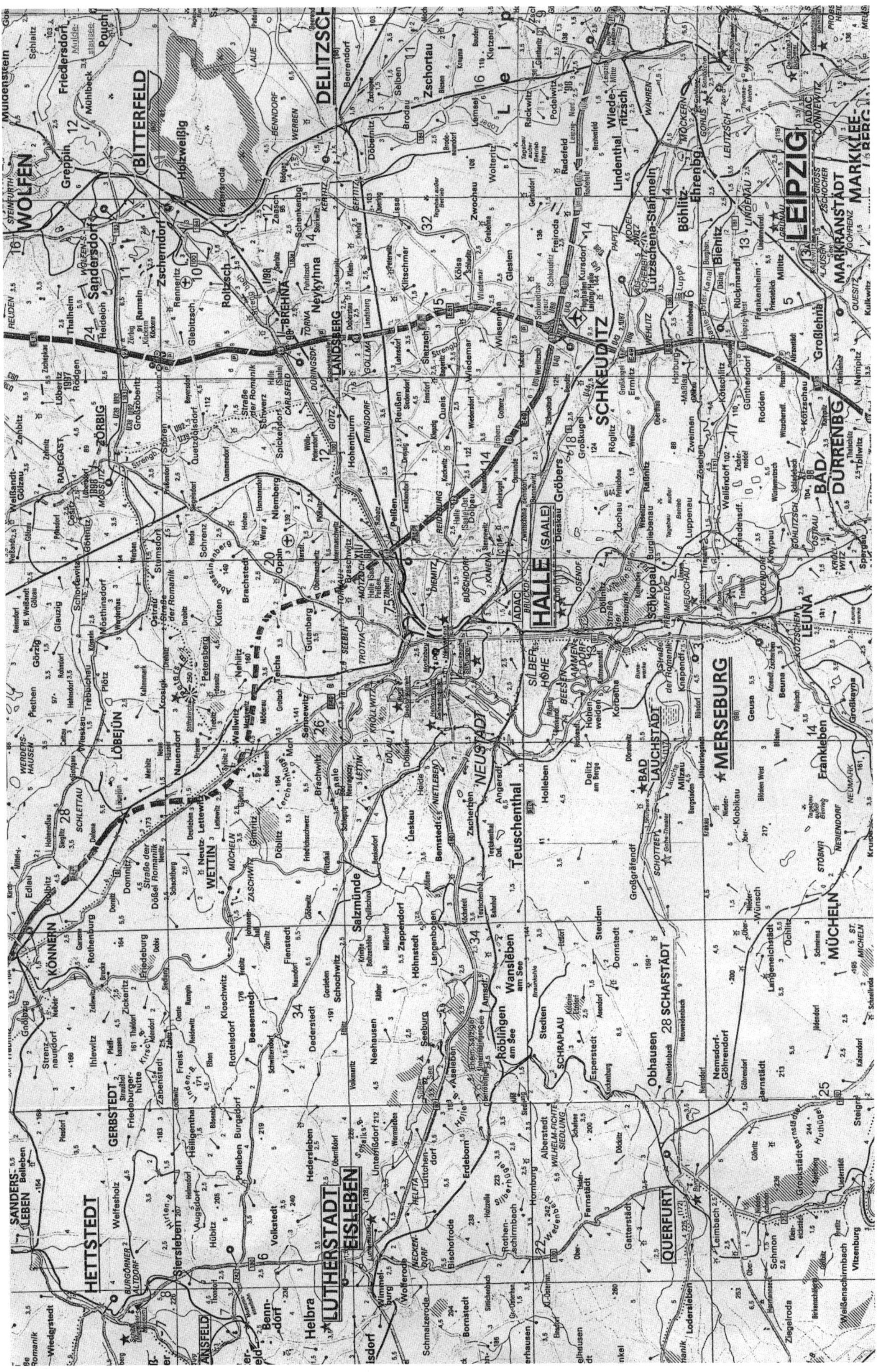
WOLFEN
BITTERFELD
DELITZSCH
ZÖRBIG
LANDSBERG
SCHKEUDITZ
LEIPZIG
MARKRANSTÄDT
HALLE (SAALE)
MERSEBURG
LEUNA
BAD DÜRRENBG
BAD LAUCHSTÄDT
LÖBEJÜN
WETTIN
KÖNNERN
GERBSTEDT
HETTSTEDT
LUTHERSTADT EISLEBEN
QUERFURT
MÜCHELN

→ ***Situationsaufgabe:***

Die NewLog KG beliefert per Lkw aus dem Lager in München vor allem Empfänger im östlichen Alpenraum und den nördlichen Teilen Süd- und Südosteuropas.

Die Lkw der NewLog KG können jeweils 21 EUR-Paletten laden.
Als Mitarbeiter im Versand sind Sie beauftragt, eine Tourenplanung für folgende Aufträge zu erstellen:

Kunde	Lieferort/Land	Versand	Anmerkungen
Wieser GesmbH	Salzburg/Österreich	4 EUR-Paletten	nur vormittags liefern
Hofer Sanitär und Heizung	Innsbruck/Österreich	19 EUR-Paletten	Annahme durchgehend
Fliesen- und Sandstein GmbH	Graz/Österreich	7 EUR-Paletten	Mittwoch ist nachmittags geschlossen
Vukovic Marjan	Laibach/Slowenien	3 EUR-Paletten	
Cviic Handelsgesellschaft	Rijeka/Kroatien	7 EUR-Paletten	
Zoran Zavic	Zagreb/Kroatien	4 EUR-Paletten	
J. Kosir	Marburg/Slowenien	3 EUR-Paletten	
Antonia Franca SPA	Udine/Italien	14 EUR-Paletten	nur von 14:00–18:00 Uhr liefern

a) Wie viele Lkw sind für die Beförderung aller Versandaufträge nötig?

____

b) Suchen Sie die Lieferorte auf Karten, in Atlanten oder auch im Internet, die von der NewLog KG anzufahren sind.

c) Stellen Sie drei Touren für die Lieferung der EUR-Paletten zusammen.

Tour 1:

Fahrstrecke: ______________________________

____

Paletten: ______________________________

Tour 2:

Fahrstrecke: ______________________________

____

Paletten: ______________________________

Tour 3:

Fahrstrecke: ______________________________

____

Paletten: ______________________________

d) Ermitteln Sie mithilfe eines Routenplaners aus dem Internet die reine Fahrzeit für die einzelnen Touren.

Tour 1: ______________________________

Tour 2: ______________________________

Tour 3: ______________________________

8 Güter verladen

▶ *Arbeitsblatt 1: Rechtliche und physikalische Grundlagen der Ladungssicherung*

Situation: Sie haben zehn Paletten mit Gütern zur Verladung auf einem Lkw der Spedition Fuchs vorbereitet. Die Lieferung geht an einen Kunden in Italien. Nach Eintreffen des Lkw macht der Fahrer eine Pause im nahen Café und erwartet, dass Sie die Beladung des Lkw übernehmen.

1 In welchen rechtlichen Vorschriften finden Sie Aussagen darüber, wer die Verladung durchzuführen hat und für eine sichere Ladung verantwortlich ist?

2 Erklären Sie den Unterschied zwischen beförderungssicherer und betriebssicherer/verkehrssicherer Verladung? Wer ist jeweils dafür verantwortlich?

3 Angenommen, der Fahrer hilft bei der Beladung – freundlicherweise oder weil er in Eile ist – mit und er verursacht dabei einen Schaden an den zu verladenden Gütern. Wer ist dann für diesen Schaden verantwortlich?

4 Mangelnde Ladungssicherung ist häufig Ursache für Transportschäden. Zu selten machen sich die verantwortlichen Personen wie Absender, Verlader, Frachtführer und Fahrer Gedanken über die physikalischen Kräfte, die beim Transport auf die Ladung wirken oder von der Ladung ausgehen.
Welche Kräfte treten in den verschiedenen Situationen beim Transport auf?

5 Wie stark wirkt sich die Massenkraft beim Anfahren, Bremsen oder in Kurven auf das Ladungsgewicht aus?

____

____

____

6 Welcher Zusammenhang besteht bei der Massenkraft zwischen Masse, Geschwindigkeit und Kurvenradius? Stellen Sie den nachfolgenden Satz richtig, indem Sie die drei falschen Wörter streichen.
Je größer/kleiner die Masse und Geschwindigkeit und je größer/kleiner der Radius der Straßenkurve, desto größer ist die Fliehkraft/Trägheitskraft.

7 Welcher Zusammenhang besteht bei der Massenkraft zwischen Masse und Beschleunigung? Stellen Sie den nachfolgenden Satz richtig, indem Sie die drei falschen Wörter streichen.
Je größer/kleiner die Masse und je größer/kleiner die Beschleunigung beim Anfahren, desto größer ist die Fliehkraft/Trägheitskraft.

8 Mit welcher Gewichtskraft F_G in Newton drückt eine 300 kg schwere Palette auf die Ladefläche, wenn die Erdbeschleunigung g 9,81 m/s^2 beträgt?

____

____

9 Ergänzen Sie die folgenden Sätze zur Erklärung der Reibungskraft:

Die Reibungskraft ist die ____________, die beim Anfahren, Bremsen und in Kurven einer ____________ der ____________ entgegenwirkt. Die Reibungskraft ist umso größer, je rauer die Oberflächen der ____________ und der ____________ sind.

10 Das Ladungsgewicht beträgt 1 500 kg. Die Ladefläche und die Oberfläche der Ladung sind aus Metall. Beide Oberflächen sind trocken. Der Gleit-Reibbeiwert μ beträgt dafür 0,2.

a) Wie groß ist die Gewichtskraft in Newton und Deka-Newton?
b) Wie groß ist die Reibungskraft in Deka-Newton?
c) Wie groß wäre die Reibungskraft in Deka-Newton, wenn eine Antirutschmatte mit dem Gleit-Reibbeiwert μ = 0,6 verwendet wird?

> Formeln zur Lösung:
> Gewichtskraft F_G = Masse m in kg x Erdbeschleunigung g (9,81 m/s^2 aufgerundet 10 m/s^2).
> Die Benennung lautet N = Newton.
> Reibungskraft F_R = Gleit-Reibbeiwert μ x Gewichtskraft F_G

a) ______________________________

b) ______________________________

c) ______________________________

11 Ergänzen Sie den folgenden Satz zur Erklärung der Sicherungskraft:

Die Sicherungskraft ist die Kraft, die zusätzlich zur ____________ eingesetzt werden muss, um ein ____________ der Ladung, z. B. beim Bremsen, zu vermeiden.

> Die Sicherungskraft errechnet sich nach der Formel:
> Sicherungskraft F_S = Massenkraft F_M – Reibungskraft F_R

12 Das Ladegewicht beträgt 2,5 t. Bei einer Vollbremsung wirkt eine Massenkraft von 80 % des Ladungsgewichts. Der Gleit-Reibbeiwert μ beträgt 0,4.

a) Wie groß ist die Trägheitskraft in Deka-Newton, mit der das Ladungsgut nach vorne geschoben wird?
b) Wie groß ist die Reibungskraft in Deka-Newton?
c) Wie groß muss die Sicherungskraft F_S sein, damit das Ladungsgut nicht verrutscht?

a) ____________________

b) ____________________

c) ____________________

13 Wovon hängt es ab, ob ein Ladungsgut während des Transports nach vorne, zur Seite oder nach hinten kippt?

____

____

____

____

14 Ein Ladungsgut ist 1,30 m lang, 1,20 m breit und 1,70 m hoch. Der Sicherungsfaktor beträgt nach vorne 0,8, zur Seite 0,7 und nach hinten 0,5. Berechnen Sie, ob Kippgefahr a) nach vorne, b) zur Seite und c) nach hinten besteht. Zeichnen Sie sich dafür als Hilfe ein Ladungsgut im Maßstab 1:25.
Grundsätzlich gilt: Das Ladungsgut ist standsicher, wenn BS/HS größer ist als der jeweilige Sicherungsfaktor gegen Kippen.

Kippen nach vorne: ____________________

Kippen zur Seite: ____________________

Kippen nach hinten: ____________________

▶ *Arbeitsblatt 2: Arten der Ladungssicherung*

1 Welche zwei Arbeitsschritte sind bei der Sicherung einer Ladung zu beachten?

1. Schritt: ____________________

2. Schritt: ____________________

2 Welche drei Sicherungsarten sind bei der Ladungssicherung zu unterscheiden?

____

____

____

3 Bearbeiten Sie das Thema „Kraftschlüssige Ladungssicherung" durch Ausfüllen des Lückentextes bzw. Streichen des falschen Begriffs.

Die kraftschlüssige Ladungssicherung erfolgt durch ____________________ mithilfe von ____________________. Als Zurrmittel werden häufig ____________________ verwendet. Die Zurrmittel werden dabei über das Ladungsgut geführt und mit einem Spannelement, z. B. einer ____________________, auf die Ladefläche gepresst. Dadurch wird die Reibungskraft F_R/ Gewichtskraft F_G erhöht. Beim Niederzurren sichern die Zurrmittel nicht die Ladung, sondern erhöhen die ____________________. Die Ladung wird somit durch die höhere Reibung/das Zurrmitel gesichert.

Die Kraft, die z. B. die Ratsche eines Zurrmittels aufbringen kann, um das Ladegut niederzuzurren, nennt man ____________________. Je größer die Vorspannkraft, desto besser ist die Ladung vor dem ____________________ gesichert. Wie stark die Vorspannkraft beim Niederzurren tatsächlich wirkt, hängt vom ____________________ ab. Bei einem Zurrwinkel $\alpha = 90°$ wirkt die Vorspannkraft zu ____________________. Je geringer der Zurrwinkel α, desto mehr oder stärkere ____________________ müssen eingesetzt werden.

4 Das Ladungsgewicht beträgt 1,6 t. Der Gleit-Reibbeiwert μ beträgt 0,4. Der Sicherungsfaktor f nach vorne 0,8.

a) Wie groß muss die Vorspannkraft F_V sein, damit die Ladung gesichert ist?

b) Wie viel Zurrmittel mit einer Vorspannkraft von je 200 Deka-Newton sind notwendig, um die Ladung zu sichern?

Formel zur Berechnung:

$$F_V = \frac{f - \mu}{\mu} \times \frac{F_G}{2}$$

a) ____________________

b) ____________________

5 Welche Möglichkeiten der formschlüssigen Ladungssicherung kennen Sie?

____

____

____

____

6 Sie verwenden Keile als formschlüssige Ladungssicherung. Worauf müssen Sie auf alle Fälle achten?

____

____

____

____

7 Wodurch unterscheidet sich das Direktzurren vom Niederzurren?

____

____

____

____

8 Welche drei Arten des Direktzurrens unterscheidet man in der Praxis?

____

____

____

9 Bei welcher Zurrart

a) werden die Zurrmittel im rechten Winkel zur Außenkante der Ladefläche gespannt,
b) dient die Kopfschlinge als Ladungssicherung in Fahrtrichtung,
c) sichert immer ein Zurrmittel jede der vier Ecken des Ladungsgutes,
d) kann die Kopfschlinge mit Hebegurten oder Kantenwinkeln erfolgen,
e) sind immer acht Zurrmittel erforderlich,
f) werden die Zurrmittel diagonal zur Außenkante der Ladefläche gespannt?

a) ______________ b) ______________ c) ______________

d) ______________ e) ______________ f) ______________

Arbeitsblatt 3: Mittel und Verfahren zur Ladungssicherung

1 Womit müssen Nutzfahrzeuge für den Stückgutverkehr mit einem zulässigen Gesamtgewicht von mehr als 3,5 t ausgerüstet sein?

2 Welche Zurrmittel kennen Sie?

3 Aus welchen zwei Teilen bestehen Zurrgurte?

4 Welche Angaben muss das Etikett am Zurrgurt enthalten?

5 Wovon hängt die Leistungsfähigkeit (Lashing Capacity) einer Zurrkette ab?

6 Zurrdrahtseile unterliegen einem natürlichen Verschleiß. Wann sind sie abzulegen, d. h., wann dürfen sie nicht mehr verwendet werden?

7 Neben den Zurrmitteln sind weitere Hilfsmittel zur Ladungssicherung im Einsatz. Ordnen Sie diese der jeweiligen Gruppe zu:

a) Hilfsmittel, die im Fahrzeugaufbau fest verankert sind:

b) Das Ladegut fixierende Hilfsmittel:

c) Die Leerräume ausfüllende Hilfsmittel:

d) Das Ladegut umspannende Hilfsmittel:

___

e) Die Reibung erhöhende Hilfsmittel:

___

8 Aus welchen Gründen sollte vor der Beladung eines Transportmittels ein Stauplan erstellt werden?

___

___

___

9 Welche Möglichkeiten kennen Sie für die Erstellung eines Stauplans?

___

___

___

___

10 Was verstehen Sie unter der Aussage: „Das Ladegut sollte Modulabmessungen haben.“?

___

___

11 Vor dem Beladen eines Containers sollte er außen und innen „durchgecheckt“ werden.

a) Welche Prüfungen nehmen Sie außen vor?

___

___

___

___

___

___

___

b) Welche Prüfungen nehmen Sie innen vor?

___

___

___

___

___

c) Welche Grundregeln sind beim Stauen der Ladung zu beachten?

____

____

____

____

____

____

____

____

d) Welche Prüfungen nehmen Sie nach der Beladung des Containers vor?

____

____

____

____

____

▶ *Arbeitsblatt 4: Gefahrgut*

1 Gefahrgutbeauftragte(r)

a) Welche Unternehmen müssen einen Gefahrgutbeauftragten bestellen?

____

____

b) Von wem kann die Tätigkeit des Gefahrgutbeauftragten im Unternehmen wahrgenommen werden?

____

____

____

c) Ergänzen Sie bitte den folgenden Lückentext.
Von der Pflicht, einen Gefahrgutbeauftragten zu bestellen, sind z. B. Unternehmen befreit,

– die jährlich nicht mehr als ______________________ gefährliche Güter befördern,

– die gefährliche Güter lediglich ______________________ .

d) **Aufgaben** des Gefahrgutbeauftragten (nennen Sie fünf)

- ______________________________
- ______________________________
- ______________________________
- ______________________________
- ______________________________

e) Angenommen, Ihr Betrieb muss gemäß Verordnung einen Gefahrgutbeauftragten ernennen. Ein Mitarbeiter erscheint dafür geeignet und ist auch bereit zur Übernahme dieser Tätigkeit. Welche Voraussetzung ist außerdem noch notwendig?

____

f) Informieren Sie sich in Ihrem Ausbildungsbetrieb, ob Gefahrgüter verpackt oder versendet werden und ggf. wer als Gefahrgutbeauftragter dafür zuständig ist.

Gefahrgüter in meinem Betrieb: ______________________________

____

Gefahrgutbeauftragter: ______________________________

▶ *Arbeitsblatt 5: Gefahrgut-Transport*

1 Welches Gesetz ist beim Transport von gefährlichen Gütern zu beachten?

- Gesetz: ______________________________

2 Was sind gefährliche Güter nach dem oben genannten Gesetz?

Gefährliche Güter sind Stoffe, von denen beim ______________________________

______________ sowie bei der ______________ Gefahren ausgehen können für

______________________________.

3 Für welche Transporte gilt das oben genannte Gesetz **nicht**?

- ______________________________

4 Welche **Befugnisse** haben die zuständigen Behörden im Rahmen dieses Gesetzes?

a) Zuständige Behörden sind: z. B. ______________________________

b) Befugnisse (nennen Sie drei):

- ______________________________
- ______________________________
- ______________________________

5 Es gibt spezielle Verordnungen über die Beförderung von gefährlichen Gütern.
Welche Bedeutung haben folgende Abkürzungen für solche Gefahrgut-Verordnungen?

a) GGVSE: ______________________

b) ADR: ______________________

c) ADN: ______________________

d) RID: ______________________

e) IATA: ______________________

f) IMDG: ______________________

6 Welche Regelungen enthalten diese Verordnungen? Nennen Sie drei wichtige Punkte.

- ______________________
- ______________________
- ______________________

7 Was hat der Verpacker im Rahmen des Gefahrguttransports zu prüfen?

____

____

____

____

____

8 Welche Begleitpapiere sind beim Gefahrguttransport zu erstellen und dem Fahrer zu übergeben?

____

____

____

____

____

9 Welche Angaben muss ein Frachtbrief für Gefahrgut enthalten, die im Frachtbrief für den Transport normaler Güter nicht angegeben werden?

____

____

____

____

____

10 Nennen Sie nach der Tabelle für Zusammenladeverbote drei Güterklassen, die nicht zusammen geladen werden dürfen.

____

____

11 Welche Informationen hat der Versender dem Fahrer zu geben, wenn Gefahrgut geladen wird?

____

____

____

12 Welche Ausrüstungen hat der Fahrer beim Transport von Gefahrgut mitzuführen?

____

____

____

____

____

____

13 Welche Erste-Hilfe-Maßnahmen sind bei einem Unfall mit Methanol einzuleiten? Lesen Sie dazu das Unfallmerkblatt im Fachbuch „Logistische Prozesse".

____

____

____

14 An einem Lkw befindet sich zusätzlich folgende (orangefarbene) **Warntafel**.
Welche Bedeutung haben die Beispiele (ohne Stoffnummer)?

a)

30
1203

→ bedeutet: ______________________________
(Stoffnummer)

b)

X42
1425

→ bedeutet: ______________________________
(Stoffnummer)

c)

33
1204

→ bedeutet: ______________________________
(Stoffnummer)

15 Was sind Placards?

____

____

16 Bei der Beförderung bestimmter Mengen Gefahrgut in Versandstücken kann der Transport von den Vorschriften des ADR freigestellt werden.

a) Was braucht der Fahrer in diesem Fall nicht?

b) In welchem Fall kann die Kleinmengenregelung angewendet werden?

c) Wann werden im Rahmen der Kleinmengenregelung auf den Packstücken anstelle der UN-Nummern die Buchstaben LQ angebracht?

d) Was bedeutet bei der Beförderung von Gefahrgütern in begrenzten Mengen die 1000er Regel? Erklären Sie diese anhand eines Beispiels. Nehmen Sie dazu die Tabelle im Fachbuch zu Hilfe.

9 Güter versenden

▶ Arbeitsblatt 1: Der Güterverkehr in der Wirtschaft

1 Unterscheiden Sie die Begriffe Verkehrsmittel und Verkehrsträger.

2 Vergleichen Sie das Verkehrsaufkommen der verschiedenen Verkehrsträger in der Bundesrepublik Deutschland auf Grundlage der vorgegebenen Zahlenwerte.

a) Berechnen Sie die prozentualen Anteile der einzelnen Verkehrsträger am Gesamtverkehrsaufkommen der einzelnen Jahre. Geben Sie die Prozentsätze mit zwei Stellen nach dem Komma an. Vervollständigen Sie dazu die folgende Übersicht:

Verkehrsaufkommen in der Bundesrepublik Deutschland: Beförderte Tonnen in Millionen

Verkehrsträger	Jahr 1970 Mio. Tonnen	Jahr 1970 in %	Jahr 1980 Mio. Tonnen	Jahr 1980 in %	Jahr 1992 Mio. Tonnen	Jahr 1992 in %	Jahr 2004 Mio. Tonnen	Jahr 2004 in %
Eisenbahnverkehr	378,0		350,1		351,9		310,3	
Binnenschifffahrt	240,0		241,1		229,9		235,9	
Seeschifffahrt	131,9		154,3		178,1		268,2	
Luftverkehr	0,3869		0,7103		1,2		2,7	
Straßengüterverkehr	2136,9		2553,2		3644,1		2767,2	
gesamt		~100		~100		~100		

b) Vergleichen Sie die Entwicklung der Verkehrsträger Eisenbahn und Lkw-Güterverkehr und begründen Sie diese Entwicklung.

c) Warum unterscheiden sich die Zahlenwerte der Abbildung „Deutschland in Bewegung“ im Lehrbuch, Lernfeld 9, Kapitel 1 „Der Güterverkehr in der Wirtschaft“ von den Zahlenwerten der oberen Tabelle?

3 Eine günstige Transportmöglichkeit, die die Vorzüge der einzelnen Transportträger miteinander vereint, ist der multimodale Verkehr.

a) Was versteht man unter multimodalem Verkehr?

b) Nennen Sie Verkehrsmittel, die im multimodalen Verkehr häufig sinnvoll miteinander kombiniert werden.

c) Welcher Transportbehälter ist für den multimodalen Transport am besten geeignet?

Arbeitsblatt 2: Frachtgeschäft

1 In welchen Bereichen des Güterverkehrs werden die handelsgesetzlichen Vorschriften über den Frachtvertrag angewendet?

____

____

2 Welche Personen sind am Frachtvertrag beteiligt? Ergänzen Sie das folgende Schaubild.

Frachtvertrag

Zweiseitiger Vertrag

Einseitige Leistungsbeziehung

Beteiligte am Frachtgeschäft

3 Das Frachtgeschäft ist ein zweiseitiges Rechtsgeschäft zugunsten eines Dritten. Erklären Sie diese Aussage.

____

____

4 Welche Beweiskraft hat der Frachtbrief nach § 409 HGB?

____

____

____

____

5 Ergänzen Sie den folgenden Text zur **Schadensregulierung** aus einem Frachtgeschäft anhand des §§ 429, 431, 438 und 439.

Schadenersatz: Ersetzt wird höchstens ______________ zur ______________ zur Beförderung. Der Wert des Gutes bestimmt sich ______________, sonst nach dem gemeinen Wert von Gütern ______________ und ______________.

Der Haftungshöchstbetrag ist auf ______________________ je ____________________________

begrenzt.

Die Haftung des Frachtführers bei **Verspätungsschaden** ist auf _______________________________

beschränkt.

Die **Schadensanzeige** muss innerhalb einer bestimmten Frist an den Frachtführer erfolgen:

Leistungsstörung	Meldefrist
äußerlich erkennbare Schäden	___________________________
äußerlich nicht erkennbare Schäden	___________________________
Lieferfristüberschreitung	___________________________

Ansprüche aus der Beförderung **verjähren** ____________________________ nach Ablieferungstag.

6 Vervollständigen Sie mithilfe des Lehrbuches die folgende Übersicht zu den rechtlichen Grundlagen des **Frachtgeschäfts** nach dem HGB:

Vertragspartner	**§ 407 Frachtführer**	**§ 407**
Hauptpflichten	**§ 407**	**§ 407**
Nebenpflichten	**§ 412**	**§ 408**
	§ 413	**§ 410**
	§ 418	**§ 411**
	§ 422	**§ 412**
	§ 423	**§ 413**
Haftung	**§ 425**	**§ 414**

▶ Arbeitsblatt 3: Beförderung von Umzugsgut

1 Welche zusätzlichen Pflichten hat der Frachtführer bei einem Frachtvertrag über Umzugsgut (nach § 451 HGB) zu erfüllen?

2 Innerhalb welcher Frist muss der Absender seine Schadensanzeige wegen Verlust oder Beschädigung von Umzugsgut vornehmen?

→ *Situationsaufgabe:*

3 Familie Klein will ihren Wohnsitz von Köln nach Dresden verlegen. Sie schließt mit der Firma Logo-Transport- und Umzugs GmbH einen Umzugsvertrag ab. Frau Klein verpackt vorsorglich ihr neues Tafelgeschirr selbst und verstaut es in einem Wäschekorb. Zum Schutz legt sie noch einige Tischtücher obenauf. Herr Klein stellt den gefüllten Korb zum Verladen neben den Lkw. In Dresden angekommen, übernimmt Frau Klein das Auspacken ihres guten Geschirrs persönlich. Doch leider muss sie feststellen, dass der Henkel ihrer neuen Kaffeekanne abgebrochen ist und zwei Tassen einen Sprung haben. Herr Klein tröstet seine Frau mit den Worten: „Den Schaden muss die Logo-Transport- und Umzugs GmbH ersetzen."

a) Innerhalb welcher Frist sollte Familie Klein den entstandenen Schaden dem Frachtführer anzeigen?

b) Inwieweit haftet die Logo-Transport- und Umzugs GmbH für den entstandenen Schaden?

▶ *Arbeitsblatt 4: Speditionsvertrag*

1 Welche Personen sind am Speditionsvertrag beteiligt? Ergänzen Sie die folgende Darstellung:

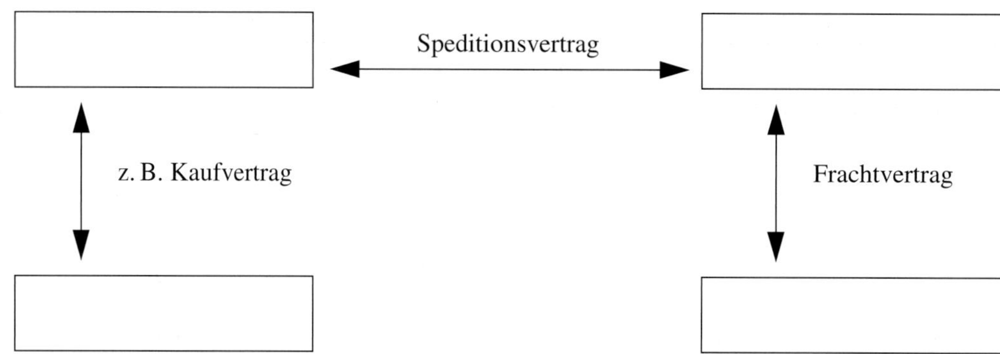

2 Der Spediteur hat die Pflicht, die Versendung zu besorgen, d. h. die Beförderung zu organisieren. Welche grundlegenden Aufgaben hat er dabei zu erfüllen?

a) ______________________________

____

b) ______________________________

____

c) ______________________________

____

3 Nach dem HGB hat der Spediteur das Recht, Transporte selbst durchzuführen. Spediteur und Frachtführer ist ein und dieselbe Person. Wie bezeichnet man diesen Fall?

____

4 Welche Pflichten geht der **Versender** mit Unterzeichnung des Speditionsvertrages ein? Ergänzen Sie die Übersicht:

Hauptpflicht	§ 453 § 456	______
Nebenpflicht	§ 455	______ ______ ______ ______ ______

5 Der Versender haftet gegenüber dem Spediteur verschuldensunabhängig für Schäden, die verursacht werden durch:

____

6 Wann verjähren Ansprüche aus dem Speditionsvertrag?

Arbeitsblatt 5: Grundlagen für den Güterkraftverkehr

1 In welche Straßen ist das öffentliche Straßennetz in Deutschland aufgeteilt?

2 Vergleichen Sie den Transport von Gütern auf der Straße und der Schiene.

a) Welche Vorteile hat der Güterverkehr auf der Straße?

b) Welche Nachteile hat der Güterverkehr auf der Straße?

3 Welche Maße und Gewichte dürfen nach der Straßenverkehrs-Zulassungs-Ordnung nicht überschritten werden?

a) beim Einzelfahrzeug

b) beim Gliederzug

c) beim Sattelfahrzeug

4 Woraus setzt sich das Gesamtgewicht eines Fahrzeugs zusammen?

____

5 In welche zwei Arten unterteilt sich nach dem Güterkraftverkehrsgesetz der Güterkraftverkehr?

____

____

6 Wann liegt **kein** Güterkraftverkehr im Sinne des Güterkraftverkehrsgesetzes vor? Nennen Sie zwei Beispiele!

____

____

7 Welche Voraussetzungen muss ein Unternehmen nach dem Güterkraftverkehrsgesetz erfüllen, damit ein Werksverkehr vorliegt?

____

____

____

8 Welcher Güterkraftverkehr ist a) erlaubnisfrei b) erlaubnispflichtig?

a) ______________ b) ______________

9 Wer erteilt die Erlaubnis?

____

10 Welche Voraussetzungen müssen erfüllt sein, damit einem neuen Transportunternehmen die Erlaubnis erteilt wird?

____

____

____

11 Wie viele Erlaubnisausfertigungen erhält ein Transportunternehmen?

____

12 Ein deutscher Güterkraftverkehrsunternehmer möchte Güter auch grenzüberschreitend befördern.

a) In welchen Ländern darf er Güter mit der Gemeinschaftslizenz befördern?

____

____

b) In welchen Ländern darf er Güter mit der CEMT-Genehmigung befördern?

____

____

c) Wie lange gelten diese Erlaubnisse?

d) Suchen Sie alle Länder aus a) und b) auf einer Landkarte.

13 Was bedeutet „Freigabe des Kabotageverkehrs“?

14 Unter welchen Voraussetzungen kann einem Transportunternehmen die Erlaubnis entzogen werden?

15 Welche Unterlagen hat der Fahrer auf der Fahrt mitzuführen?

16 Wie ist der Güterkraftverkehr versicherungsmäßig geregelt?

17 Die Arbeitszeiten im Güterverkehr sind international geregelt.

a) Warum werden diese Fahrpersonalvorschriften im Güterverkehr erlassen?

b) Wie viele Stunden darf die tägliche Lenkzeit maximal betragen?

c) Wie viele Stunden muss die tägliche Ruhezeit mindestens betragen?

d) Wodurch kann die Einhaltung dieser Zeiten überwacht werden?

18 Im Güterkraftverkehr werden moderne Informations- und Kommunikationssysteme (IuK-Systeme) verstärkt eingesetzt.

a) Erklären Sie anhand von Beispielen den Unterschied zwischen unternehmensexternen und unternehmensinternen IuK-Systemen.

b) Erklären Sie den Unterschied zwischen erdgestützten und satellitengestützten Informationsübermittlungssystemen.

c) Nennen Sie ein Beispiel für ein Fahrerassistenzsystem. Welche Vorteile bieten Fahrerassistenzsysteme?

d) Warum gehört der Bordcomputer zu den unternehmensinternen IuK-Systemen?

19 Wie heißt die Bundesbehörde, die den Güterkraftverkehr überwacht?

20 Welche Prüfungen kann diese Behörde durchführen? Nennen Sie fünf Prüfungen!

21 Wo darf die Behörde diese Prüfungen durchführen?

22 Welche Möglichkeiten hat die Behörde beim Vorliegen einer Ordnungswidrigkeit?

23 Das Bundesamt für Güterverkehr beobachtet und begutachtet die Entwicklung des Güterverkehrs. Dazu führt sie drei wichtige Dateien. Um welche Dateien handelt es sich?

24 Die Ausstellung eines Frachtbriefs als Begleitpapier im Güterkraftverkehr ist zwar üblich, aber nicht vorgeschrieben.

a) Welche anderen Begleitpapiere kennen Sie aus der Praxis?

b) Wer erhält je eine Ausfertigung des Originalfrachtbriefs?

____

c) Was wird durch den vom Absender und Frachtführer unterschriebenen Frachtbrief bewiesen?

____

____

____

____

d) Was ist anzunehmen, wenn im Frachtbrief vom Frachtführer keine Vorbehalte eingetragen sind?

____

____

▶ Arbeitsblatt 6: Ausfüllen eines Frachtbriefes für den Güterkraftverkehr

➜ *Situationsaufgabe:*

Sie sind Mitarbeiter der Fluggeräte GmbH, Industriestr. 4, 04229 Leipzig.

Ihr Betrieb versendet mit heutigem Datum in 15 Verschlägen Maschinenteile an Ihren Kunden, die Instrumentale Colvosco, Viale Isonzo 20, 3452 Mailand, Italien. Außerdem gehören zur Ladung auch zwei Holzkisten mit erklärungspflichtigen Chemikalien, Gefahrenklasse 3, UN-Nummer 1263. Die dazugehörigen Gefahrgut-Daten stehen in der beiliegenden Ladeliste Nummer 543278922. Dem Frachtbrief ist auch ein Unfallmerkblatt/schriftliche Weisung beigefügt. (Hinweis: Die Ladeliste und das Unfallmerkblatt/schriftliche Weisung sind selbst <u>nicht</u> zu bearbeiten, sondern im Frachtbrief zu erwähnen!) Für den Transport gelten die internationalen Gefahrgutvorschriften für die Straße (ADR). Dies ist im Frachtbrief auch kenntlich zu machen.

Frachtführer ist die Spedition Erich Haslbeck, Straubinger Str. 42, 84130 Dingolfing. Jeder Verschlag hat ein Gewicht von 625 kg und die Maße 1,40 × 1,20 × 0,80 m. Die Holzkisten wiegen mit Inhalt je 90 kg und sind 0,75 × 0,75 × 0,75 m groß.

Die Transportkosten von Leipzig nach Mailand übernimmt die Fluggeräte GmbH.

Die Verladung der Verschläge auf den Lkw mit dem Kennzeichen DGF-EP 5, Nutzlast 20 000 kg, erfolgt auf dem Werksgelände der Fluggeräte GmbH in Leipzig. Die Entladestelle ist das Werksgelände der Instrumentale Colvosco in Mailand.

Bei der Übernahme der Verschläge stellt der Fahrer der Spedition fest, dass bei einem Verschlag zwei Seitenbretter beschädigt sind. Er möchte dies im Frachtbrief vermerkt haben.

Die Spedition bittet Sie außerdem, im Frachtbrief in Feld 25 die Angaben zur Ermittlung der Entfernung mit Grenzübergängen einzutragen. Die Fahrt erfolgt über die Brennerautobahn in Österreich. Als Hilfsmittel dienen die im Anhang stehende Kilometrierung und eine Europa-Landkarte. Einzutragen sind nur die Gesamtstrecken in den drei betroffenen Ländern.

weiß = Exemplar für Auftraggeber · **rosa** = Exemplar für Absender · **blau** = Exemplar für Empfänger · **grün** = Exemplar für Frachtführer
blanc = Exemplaire pour commettant · **rose** = Exemplaire de l'expéditeur · **bleu** = Exemplaire du destinataire · **vert** = Exemplaire du transporteur
wit = Exemplaar voor lastgever · **rose** = Exemplaar voor afzender · **blau** = Exemplaar voor geadresseerde · **groen** = Exemplaar voor vervoerder
bianco = Essemplare per committente · **rosa** = Essemplare per mittente · **blu** = Essemplare per destinatario · **verde** = Essemplare per transportatore
white = Copy for orderer · **pink** = Copy for sender · **blue** = Copy for consignee · **green** = Copy for carrier
hvid = Exemplar for ordregiver · **rosa** = Exemplar for afsender · **blaa** = Exemplar for modtager · **grön** = Exemplar for befordrer

INTERNATIONALER FRACHTBRIEF
LETTRE DE VOITURE INTERNATIONAL

Diese Beförderung unterliegt trotz einer gegenteiligen Abmachung den Bestimmungen des Übereinkommens über den Beförderungsvertrag im internationalen Straßengüterverkehr (CMR).

Ce transport est soumis, nonobstant toute clause contraire, à la Convention relative au contrat de transport international de marchandises par route (CMR).

1 Absender (Name, Anschrift, Land) / Expéditeur (nom, adresse, pays)

2 Empfänger (Name, Anschrift, Land) / Destinataire (nom, adresse, pays)

3 Auslieferungsort des Gutes / Lieu prévu pour la livraison de la marchandise
Ort/Lieu
Land/Pays

4 Ort und Tag der Übernahme des Gutes / Lieu et date de la prise en charge de la marchandise
Ort/Lieu
Land/Pays
Datum/Date

5 Beigefügte Dokumente / Documents annexés

16 Frachtführer (Name, Anschrift, Land) / Transporteur (nom, adresse, pays)

17 Nachfolgende Frachtführer (Name, Anschrift, Land) / Transporteurs successifs (nom, adresse, pays)

18 Vorbehalte und Bemerkungen der Frachtführer / Réserves et observations des transporteurs

6 Kennzeichen u. Nummern / Marques et numéros	7 Anzahl der Packstücke / Nombre des colis	8 Art der Verpackung / Mode d'emballage	9 Bezeichnung des Gutes* / Nature de la marchandise*	10 Statistiknummer / No. statistique	11 Bruttogewicht in kg / Poids brut, kg	12 Umfang in m³ / Cubage m³
			CMR			

UN-Nr. / UN-No. · Klasse / Classe · Ziffer / Chiffre · Buchstabe / Lettre · (ADR) (ADR)

13 Anweisungen des Absenders (Zoll- und sonstige amtliche Behandlung) / Instructions de l'expéditeur (formalités douanières et autres)

19 zu zahlen vom: / A payer par:	Absender / L'expéditeur	Währung / Monnaie	Empfänger / Le Destinataire
Fracht / Prix de transport			
Ermäßigungen / Réductions –			
Zwischensumme / Solde			
Zuschläge / Suppléments			
Nebengebühren / Frais accessoires			
Sonstiges / Divers +			
Zu zahlende Gesamtsumme / Total à payer			

14 Rückerstattung / Remboursement

15 Frachtzahlungsanweisungen / Prescription d'affranchissement
Frei / Franco
Unfrei / Non Franco

20 Besondere Vereinbarungen / Conventions particulières

21 Ausgefertigt in / Etablie à · am / le

22 Unterschrift und Stempel des Absenders (Signature et timbre de l'expéditeur)

23 Unterschrift und Stempel des Frachtführers (Signature et timbre du transporteur)

24 Gut empfangen / Réception des marchandises · Datum / Date · am / le
Unterschrift und Stempel des Empfängers (Signature et timbre du destinataire)

25 Angaben zur Ermittlung der Entfernung mit Grenzübergängen

von	bis	km

Paletten-Absender – Expéditeur des palettes

Art	Anzahl	Kein Tausch	Tausch
Euro-Palette			
Gitterbox-Palette			
Einfach-Palette			

Bestätigung des Empfängers/Datum/Unterschrift

Paletten-Empfänger – Destinataire des palettes

Art	Anzahl	Kein Tausch	Tausch
Euro-Palette			
Gitterbox-Palette			
Einfach-Palette			

Bestätigung des Fahrers/Datum/Unterschrift

26 Vertragspartner des Frachtführers

27	Amtliches Kennzeichen	Nutzlast in kg
Kfz		
Anhänger		

Benutzte Gen.-Nr. ☐ National ☐ Bilateral ☐ EG ☐ CEMT

1–15 einschließlich y compris et 21+22 Die mit fett gedruckten Linien eingerahmten Rubriken müssen vom Frachtführer ausgefüllt werden. Les parties encadrées de lignes grasses doivent être remplies par le transporteur.

Auszufüllen unter der Verantwortung des Absenders. A remplir sous la responsabilité de l'expéditeur.

* Bei gefährlichen Gütern ist, außer der eventuellen Bescheinigung, auf der letzten Linie der Rubrik anzugeben: die Klasse, die Ziffer sowie gegebenenfalls der Buchstabe.
* En cas de marchandises dangereuses indiquer, outre la certification éventuelle, à la dernière ligne du cadre: la classe, le chiffre et le cas échéant, la lettre.

Best.-Nr. 13109 · Verkehrs-Verlag J. Fischer · Paulusstraße 1 · 40237 Düsseldorf · Telefon 0211/99193-0 · Telefax 0211/6801544

1 Füllen Sie den Frachtbrief entsprechend den obigen Angaben aus. Das Ausfertigungsdatum entspricht dem Versanddatum.

2 Suchen Sie auf einer Europa-Landkarte eine alternative Fahrroute für den Fall, dass die Fahrt über den Brenner wegen Murenabgängen nicht möglich ist.

____

____

Anhang:
Kilometrierung: Leipzig – Mailand

Strecke	Kilometer
Leipzig – München	450 km
München – Kufstein	110 km
Kufstein – Innsbruck	55 km
Innsbruck – Brenner	50 km
Brenner – Verona	240 km
Verona – Mailand	160 km

Arbeitsblatt 7: Frachtpost

1 Aus welchen selbstständigen Marktbereichen besteht der Konzern Deutsche Post World Net?

____

____

____

2 Stellen Sie den Weg eines Postpaketes vom Absender zum Empfänger dar, indem Sie die nachfolgenden Begriffe in die Zeichnung eintragen: Absender, Empfänger, Abgangshub, Eingangshub, Vorlauf, Hauptlauf, Nachlauf, Postfiliale, Zustellbasis.

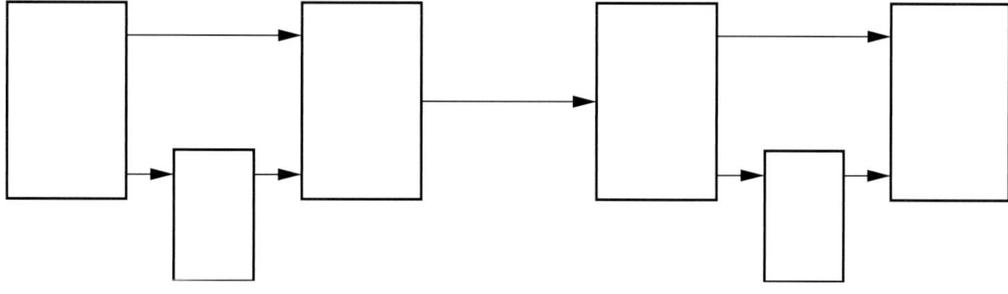

3 Frachtpostsendungen erhalten computerlesbare Barcodes, die alle für die Beförderung notwendigen Informationen enthalten. Wie heißen die beiden Barcodes und welche Informationen enthalten sie?

____

____

____

____

4 Mithilfe dieser Barcodes ist eine computerunterstützte Paketverfolgung möglich.

a) Welchen Vorteil hat dies?

___

___

b) Welchen englischen Begriff für Paketverfolgung kennen Sie?

___

c) Was bedeutet dies wörtlich übersetzt in deutscher Sprache?

___

5 Tragen Sie in die Übersicht die Daten zu den wichtigsten Produkten der Frachtpost ein.

	Höchstmaße	**Höchst-gewicht**	**Haftung**	**Freimachung vorgeschrieben**	**Rollenform möglich**
Päckchen	___	___	___	___	___
Pluspäckchen (Verpackung + Porto)	___	___	___	___	___
Paket	___	___	___	___	___
selbstgebuchtes Paket	___	___	___	___	___

6 Welche Serviceleistungen werden dem Postkunden gegen Zahlung eines Entgelts geboten

a) in Service Sicher

___

b) in Service Schnell

___

c) in Service Inkasso

___

d) in sonstiger Service

___

___

7 Die Deutsche Post AG versendet auch sperrige Sendungen.

a) Welche Sendungen gelten als sperrig?

___

___

___

___

b) Welche sperrigen Pakete werden von der Deutschen Post AG nicht mehr befördert?

c) Ein Paket hat folgende Maße: Länge 180 cm, Breite 110 cm, Höhe 75 cm. Befördert die Deutsche Post AG dieses Paket?

8 Versender mit starkem Paketverkehr können ihre Pakete als Selbstbucher versenden.

a) Wer kann Selbstbucher bei der Deutschen Post AG werden?

b) Welche Arbeiten müssen Selbstbucher ausführen gegenüber dem normalen Paketversand?

c) Welche Vorteile hat der Versand von Paketen als Selbstbucher?

9 Welche Sendungen sind durch die Deutsche Post AG von der Beförderung ausgeschlossen?

10 Versandhäuser versenden kostengünstig Kataloge an viele Kunden.

a) Welche Sendungsart ist dafür geeignet?

b) Welche Gewichtsgrenzen gibt es dafür?

c) Welche Mindestmenge pro Einlieferungstag ist vorgeschrieben?

Arbeitsblatt 8: Bedeutung der KEP-Dienste

1 Was bedeutet die Abkürzung KEP-Dienste?

2 Worin unterscheiden sich die verschiedenen KEP-Dienste? Ordnen Sie den nachfolgenden Erklärungen die entsprechenden Dienste zu!

Dienste:

a) Kurierdienst
b) Expressdienst
c) Paketdienst

Erklärungen:

1. Sie übernehmen die Sendung vom Auftraggeber und befördern Sie persönlich und direkt zum vorgegebenen Empfänger. ○
2. Sie sind häufig in Städten mit Fahrrädern oder Mopeds im Einsatz, um eine schnelle Zustellung zu gewährleisten. ○
3. Sie befördern eine Sendung vom Auftraggeber zum Empfänger nicht direkt und persönlich, sondern über Umschlagszentren. In den meisten Fällen erfolgen die Beförderungen als Sammeltransporte (zwei Dienste). ○ ○
4. Sie befördern zwar nicht direkt und persönlich zum Empfänger, garantieren aber einen festen Auslieferungstermin an den Empfänger. ○
5. Sie garantieren zwar keinen festen Auslieferungstermin, doch erfolgt die Auslieferung an den Empfänger in der Regel innerhalb einer angemessenen Lieferzeit. ○

3 a) Zählen Sie die verschiedenen KEP-Dienste auf, mit denen Ihr Ausbildungsbetrieb zusammenarbeitet.

b) Welche weiteren KEP-Dienste kennen Sie?

c) Was verstehen Sie unter den Begriffen B2B und B2C?

4 Welche Vorteile bieten KEP-Dienste?

5 Bringen Sie die nachfolgenden Arbeitsschritte bei einem KEP-Dienst in die richtige Reihenfolge, indem Sie in die Kästchen die Ziffern 1 bis 9 eintragen. Beachten Sie dabei folgende Abbildung.

Auftraggeber → Quelldepot → HUB → Zieldepot → Empfänger

- Verwaltungsmäßige und körperliche Kontrolle der Sendung im Quelldepot ◯
- Zustellung der Sendung vom Zieldepot durch Subunternehmer an den Kunden ◯
- Weiterleitung der Sendung vom HUB zum Zieldepot ◯
- Zuordnung des Kundenauftrags an den Fahrer, der die Sendung beim Auftraggeber abholen soll ◯
- Entladung der Sendung im HUB in Boxen je nach Zieldepot ◯
- Abholung der Sendung beim Auftraggeber und Transport zum Quelldepot ◯
- Anmeldung der Sendung durch den Auftraggeber beim Quelldepot ◯
- Kontrolle, ob die Sendung laufzeitgerecht und mängelfrei zugestellt wurde ◯
- Weiterleitung der Sendung vom Quelldepot zu einem HUB (Hauptumschlagsplatz) ◯

6 a) Die Deutsche Bahn AG bietet für eilige Sendungen einen eigenen Kurierdienst an. Wie heißt dieser Kurierdienst?

b) Mit welchen Zügen werden diese Sendungen befördert?

c) Welche Sendungen sind dafür geeignet?

d) Wie erfolgen Anlieferung und Abholung der Sendung?

7 Die KEP-Dienste rüsten sich als Logistikdienstleister für E-Commerce.

a) Was verstehen Sie unter E-Commerce?

b) Welche Aufgaben übernehmen die KEP-Dienste im Rahmen von E-Commerce?

c) Welche Zahlungsmöglichkeiten gibt es beim Kauf per Internet? Welcher Zahlungsart gehört die Zukunft? Mit Begründung!

8 KEP-Dienste setzen für die rationelle Abwicklung des Gütertransports moderne Technologien ein.

a) Was bedeutet die Abkürzung RFID?

b) Kernstück der RFID-Technologie ist ein Transponder. Aus welchen Wortabkürzungen setzt sich der Begriff Transponder zusammen?

c) Woraus besteht ein Transponder?

d) Wo wird der Transponder angebracht?

e) Welche Aufgaben hat der Transponder als Kommunikationsmittel auf dem Transport und bei der Warenannahme?

f) Welche Vorteile hat der Transponder gegenüber dem Barcode?

▶ *Arbeitsblatt 9: Die Railion AG*

Seit dem 1. September 2003 arbeitet die DB Cargo als größter Dienstleistungsbetrieb im Schienengüterverkehr der Bundesrepublik Deutschland unter dem Namen Railion Deutschland AG. Die Railion Deutschland AG gehört zur Stinnes AG, die als Dach- und Führungsgesellschaft alle Transport- und Logistikaktivitäten der Bahn übernimmt.

1 Ergänzen Sie mithilfe des Lehrbuchs die folgende Übersicht über die Stinnes AG.

Stinnes AG			
Geschäftsfeld ______________	Geschäftsfeld ______________	Geschäftsfeld ______________	Geschäftsfeld ______________
Schienenverkehr/ Spedition/Logistik	Schienenverkehr/ Spedition/Logistik	Kombinierter Verkehr	Schienengütertransport
Kunden: ______________	Kunden: ______________	Kunden: ______________	Kunden: ______________

2 Ordnen Sie die abgebildeten Güterwagen dem Wagentyp zu und ergänzen Sie die Gattungsbuchstaben:

Wagentyp	Gattung	Abbildung	Wagentyp	Gattung	Abbildung
Wagen für Druckluftentladung	________	________	Zweiachsiger Flachwagen	________	________
Offene Wagen	________	________	Vierachsiger Drehgestellflachwagen	________	________
Gedeckte Wagen	________	________	Sechsachsiger Drehgestellflachwagen	________	________

Abbildung 1

Abbildung 2

Abbildung 3

Abbildung 4

Abbildung 5

Abbildung 6

Arbeitsblatt 10: Wagenladungsverkehr

1 Wer Güter per Wagenladung versenden will, gibt im Kundenservicezentrum Duisburg seine Bestellung auf. Eine Bestellung sollte folgende Angaben enthalten:

____

____

____

____

____

____

2 Vervollständigen Sie den folgenden Lückentext mithilfe des Lehrbuchabschnitts Wagenladungsverkehr:

Auf Bestellung befördert die Bahn Güterwagen zu ______________ ______________ des Kunden oder zu einen öffentlichen ______________.

Der Kunde hat die Wagen selbst zu ______________ ______________. Außerdem hat der Kunde bereitgestellte Wagen vor dem Verladen ______________ ______________ für den vorgesehenen Verwendungszweck sowie auf ______________ ______________ zu prüfen und Railion über Beanstandungen unverzüglich zu ______________.

Railion holt die Einzelwagen von den Anschlussgleisen oder Güterverkehrsstellen (Freiladegleisen) ab und transportiert sie zu den nächstgelegenen ______________.

Dort werden die Wagen oder Wagengruppen zu ______________ zusammengestellt.

3 Rangierzeiten können verkürzt werden durch:

____

____

4 Railion bietet seinen Kunden zwei grundlegende Einzelwagenprodukte. Unterscheiden Sie diese nach ihren Leistungsmerkmalen:

Classic	
Quality	

▶ *Arbeitsblatt 11: Auszug aus den Allgemeinen Leistungsbedingungen (ALB) der Railion Deutschland AG*

1 Beantworten Sie auf Grundlage des Auszugs aus den Allgemeinen Leistungsbedingungen (ALB) der Railion Deutschland AG folgende Fragen:

a) Was erfahren Sie über den Leistungsvertrag?

2. Leistungsvertrag, Einzelverträge

2.1 Grundlage für die von uns zu erbringenden Leistungen ist ein mit dem Kunden schriftlich abzuschließender Leistungsvertrag. Dieser hat eine Laufzeit von 12 Monaten. Die Verlängerung, Änderung oder der Abschluss eines neuen Leistungsvertrages bedürfen ebenfalls der Schriftform. Sofern der Leistungsvertrag nicht von beiden Parteien unterschrieben wurde, ist unser vom Kunden nicht unverzüglich widersprochenes Bestätigungsschreiben verbindlich.
2.2 Der Leistungsvertrag enthält wesentliche Leistungsdaten, die für den Abschluss von Einzelverträgen, insbesondere Frachtverträgen, erforderlich sind (z. B. Relation, Ladegut, Wagentyp, Ladeeinheit, Entgelt).
2.3 Einzelverträge kommen durch Auftrag des Kunden und unsere Annahme zustande. Bei Anbindung des Kunden an unser KundenServiceZentrum sind Aufträge ausschließlich an dieses zu richten; der Auftrag gilt als angenommen, wenn das KundenServiceZentrum nicht innerhalb einer angemessenen Frist widerspricht. Eine schriftliche Auftragsbestätigung erfolgt nur, wenn dies mit dem Kunden besonders vereinbart ist.

3. Frachtbrief, Transportauftrag

3.1 Soweit nichts anderes vereinbart ist, ist vom Kunden ein Frachtbrief nach dem in „Preise und Konditionen" der Railion Deutschland AG abgedruckten Muster auszustellen. Der Frachtbrief wird von uns nicht unterschrieben; gedruckte oder gestempelte Namens- oder Firmenangaben gelten nicht als Unterschrift.
3.2 Bei Verwendung eines Frachtbriefs gemäß § 408 HGB gilt dieser als Transportauftrag. Erteilt der Kunde den Transportauftrag ohne Verwendung eines Frachtbriefs, haftet er entsprechend § 414 HGB für die Richtigkeit und Vollständigkeit sämtlicher im Transportauftrag enthaltenen Angaben.

b) Wie kommt ein Einzelvertrag zwischen der Railion AG und einem Kunden zustande?

c) Wer hat den Frachtbrief auszustellen? Welche Funktion hat der Frachtbrief?

d) Wofür ist der Kunde bei Wagenladungen bzw. Ladeeinheiten (LE) verantwortlich?

4. Wagen und Ladeeinheiten (LE) von Railion Deutschland, Ladefristen

4.1 Wir stellen für den Transport geeignete Wagen und LE zur Verfügung.
4.2 Der Kunde ist für die korrekte Angabe der benötigten Anzahl und Gattung von Wagen und LE verantwortlich; für die Bereitstellung von Wagen und LE vor Abschluss eines Frachtvertrages gelten § 412 Abs. 3, § 415 sowie § 417 HGB entsprechend.
4.3 Bei Überschreitung der Ladefristen erheben wir ein Standgeld nach „Preise und Konditionen" der Railion Deutschland AG.
4.4 Der Kunde hat bereitgestellte Wagen und LE vor Verladung auf ihre Eignung für den vorgesehenen Verwendungszweck sowie auf sichtbare Mängel zu prüfen und uns über Beanstandungen unverzüglich zu informieren.
4.5 Der Kunde haftet für Schäden an Wagen und LE, die durch ihn oder einen von ihm beauftragten Dritten verursacht werden. Der Kunde haftet nicht, wenn der Schaden auf einen Mangel zurückzuführen ist, der bei der Übergabe bereits vorhanden war. Beschädigungen und Unfälle sind unverzüglich an unser KundenServiceZentrum zu melden.
4.6 Der Kunde ist dafür verantwortlich, dass entladene Wagen und LE verwendungsfähig, d. h. vollständig geleert, vorschriftsmäßig entseucht oder gereinigt sowie komplett mit losen Bestandteilen, ferner fristgerecht am vereinbarten Übergabepunkt oder Terminal zurückgegeben werden. Bei Nichterfüllung erheben wir ein Entgelt nach „Preise und Konditionen" der Railion Deutschland AG für uns entstandene Aufwendungen. Ein weitergehender Schadenersatzanspruch bleibt hiervon unberührt.
4.7 Der Kunde ist verpflichtet, die von uns überlassenen Wagen und LE ausschließlich zu dem vertraglich vorgesehenen Zweck zu verwenden.

5. Ladevorschriften

5.1 Dem Kunden obliegt die Verladung und die Entladung, wenn nicht etwas anderes vereinbart ist. Bei der Verladung und der Entladung sind die Verladerichtlinien der Railion Deutschland AG zu erfüllen. Wir sind berechtigt, Wagen und LE auf betriebssichere Verladung zu überprüfen.
5.2 Verletzt der Kunde seine Verpflichtung aus Ziff. 5.1, besteht eine erhebliche Abweichung zwischen vereinbartem und tatsächlichem Ladegut, wird das zulässige Gesamtgewicht überschritten oder durch die Art des Gutes oder der Verladung die Beförderung behindert, werden wir den Kunden auffordern, innerhalb angemessener Frist Abhilfe zu schaffen. Nach fruchtlosem Fristablauf sind wir berechtigt, auch die Rechte entsprechend § 415 Abs. 3 Satz 1 HGB geltend zu machen.
5.3 Der Kunde ist verpflichtet, Be- und Entladereste an der Ladestelle einschließlich der Zufahrtswege unverzüglich auf eigene Kosten zu beseitigen.

e) Wofür haftet der Kunde gegenüber Railion?

f) Wer ist für das Be- und Entladen der Güterwagen nach den Verladerichtlinien von Railion zuständig?

Arbeitsblatt 12: Ganzzugverkehre

1 Nennen Sie die wesentlichen Merkmale von Ganzzugverkehren.

2 Welches Ganzzugprodukt ist durch folgende Leistungsmerkmale beschrieben?

______________	Bestellfrist ca. zwei Monate vor dem ersten Verkehrstag; regelmäßiger Transport großer Mengen auf bestimmten Relationen
______________	Reservierung von Verkehrstagen und Verkehrszeiten für die gesamte Laufzeit; Bestellfrist in der Vorwoche (Wochenprogramm) oder im Vormonat (Monatsprogramm); Transport großer Mengen auf reservierten Relationen
______________	Kurzfristige Verfügbarkeit des Ganzzuges für den Kunden; Bestellfrist bis 24 Stunden vor Abfahrt

3 Die Gütertransport- und Logistikleistungen werden verschiedenen Marktbereichen zugeordnet. Für welche Transportgüter gelten die folgenden Bezeichnungen?

Marktbereiche	**Transportgüter**
Marktbereich Baustoffe	
Marktbereich Montan	
Marktbereich Chemie	
Marktbereich Militär	

Marktbereich Agrarlogistik, Forst, Konsumgüter	
Marktbereich Automotive	

▶ Arbeitsblatt 13: Kombinierter Verkehr

1 Nur wenige Bahnkunden verfügen über einen eigenen Bahnanschluss. Deshalb werden im Vorlauf und im Nachlauf des Gütertransportes mit der Bahn Lastkraftwagen eingesetzt.

a) Welche Vorteile sehen Sie in der Nutzung Kombinierter Verkehre?

b) Tragen Sie in die Abbildung die folgenden Begriffe ein: Transport im Nachtsprung, Lkw-Vorlauf, Lkw-Nachlauf, Container-Terminal (Beladen), Container-Terminal (Entladen),

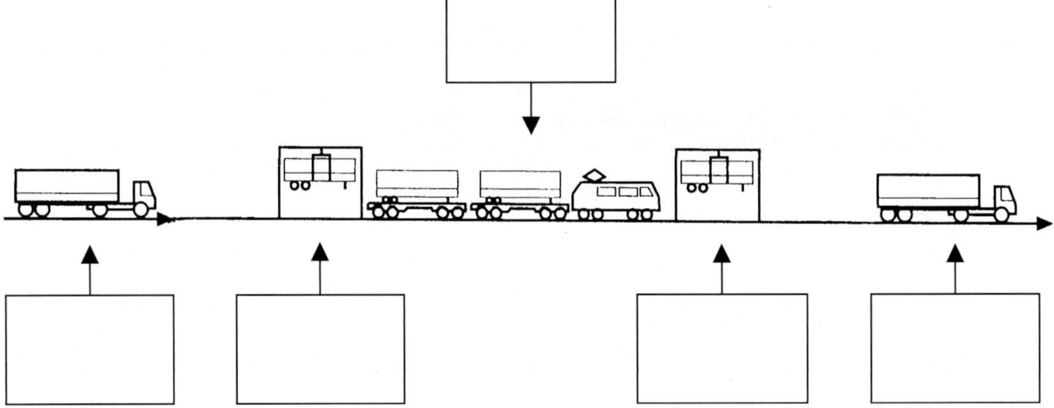

2 Für den kombinierten Verkehr gibt es verschiedene technische Möglichkeiten.

a) Ordnen Sie die folgenden Bezeichnungen der Transportvarianten den Abbildungen zu.
unbegleiteter Huckepackverkehr
begleiteter Huckepackverkehr
kombinierter Verkehr mit Containerumschlag

b) Beschreiben Sie kurz diese drei Möglichkeiten.

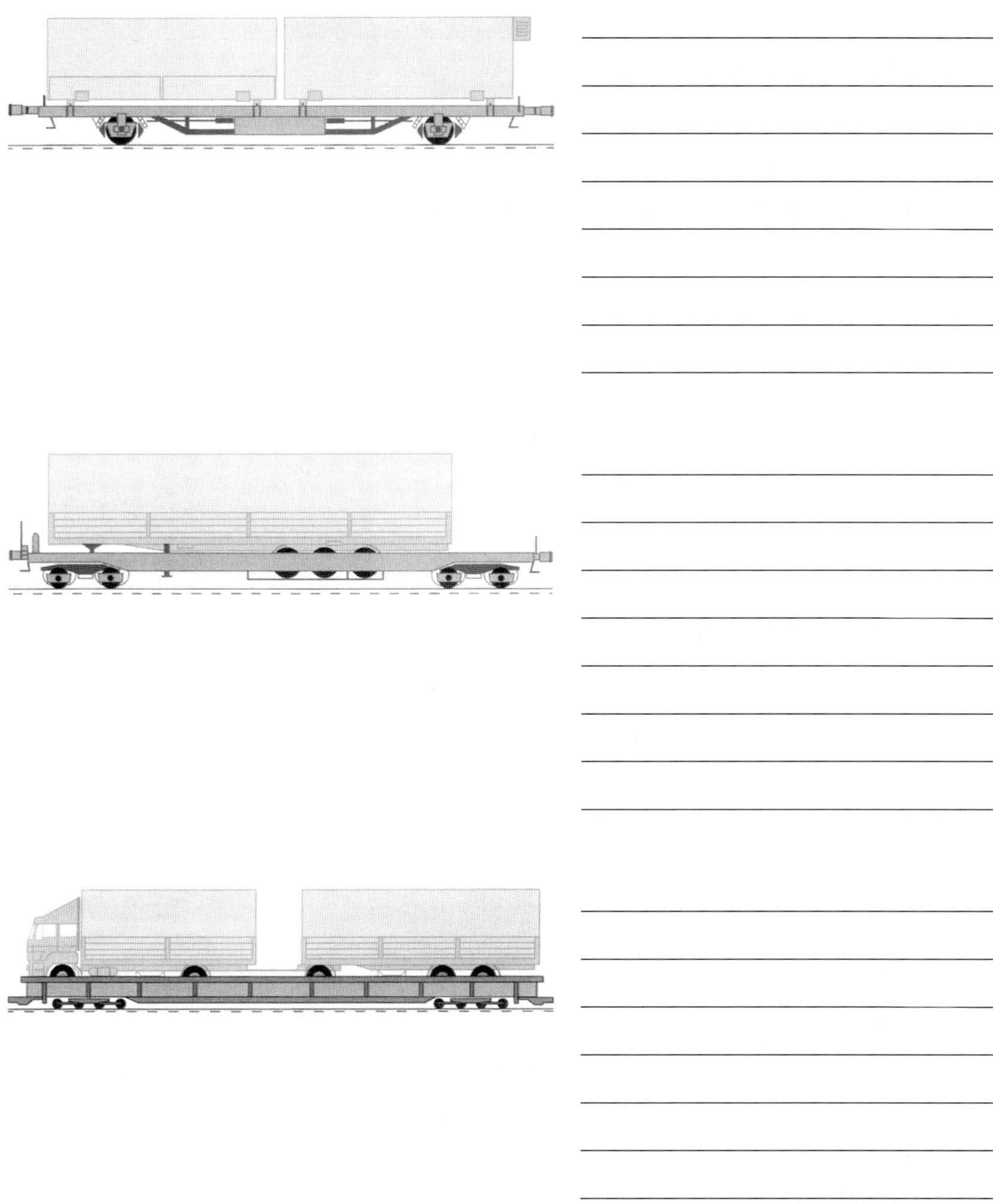

3 Unter **Trasse** versteht man im Eisenbahnwesen die zeitlich begrenzte Nutzung des Eisenbahnschienennetzes zwischen zwei Orten mit einem Zug bestimmter Bauart. Wodurch unterscheiden sich die folgenden Trassen?

Güterverkehrs-Standard-Trasse	
Güterverkehrs-Express-Trasse	
Güterverkehrs-Zubringer-Trasse	
Freight-Freeway-Trasse	

▶ *Arbeitsblatt 14: Auftragsabwicklung – Versandpapiere*

1 Das KundenServiceZentrum (KSZ) ist für die Auftragsabwicklung von Kundenaufträgen der DB Railion AG zuständig.

a) Welche technischen Möglichkeiten kann der Kunde nutzen, um seinen Auftrag zu erteilen?

per	per	per	per

b) Nennen Sie die Aufgaben des KundenServiceZentrums.

2 Bei internationalen Frachtverträgen ist die Ausstellung eines **Frachtbriefs (CIM)** vorgeschrieben.

a) „Der CIM-Frachtvertrag ist ein Durchfrachtvertrag.“ Erklären Sie diese Aussage.

b) Aus welchen Blättern besteht der CIM-Frachtbrief? Für wen sind diese Blätter bestimmt?

Blatt 1: ______

Blatt 2: ______

Blatt 3: ______

Blatt 4: ______

Blatt 5: ______

3 Welche Pflichten hat der Absender aus dem CIM-Frachtvertrag?

4 Der Absender ist im CIM-Frachtvertrag zur Frachtzahlung verpflichtet.

a) Durch welche Zahlungsvermerke kann der Absender die Frachtkosten ganz oder teilweise auf den Empfänger im CIM-Frachtbrief (Feld 24) übertragen?

Zahlungsvermerk	Absender übernimmt folgende Kosten

Zahlungsvermerk	Absender übernimmt folgende Kosten
______________________ ______________________	______________________ ______________________
______________________ ______________________	______________________ ______________________

b) Ergänzen Sie den folgenden Satz:

Beim Zahlungsvermerk ____________ ____________ ____________ übernimmt der Absender **alle** Transportkosten.

Arbeitsblatt 15: Binnenschifffahrt

1 Ergänzen Sie nach Bearbeitung des Kapitels „3.5.1 Binnenschifffahrt" den folgenden Text.

Die Schifffahrt stellt einen der wichtigsten ____________________ in der Bundesrepublik Deutschland dar. Auf Flüssen und ______________ werden Güter im Landesinneren transportiert. Haupt-Verkehrslinien sind dabei der Rhein im Westen, die ____________ und die ____________ (beide im Norden) sowie die ____________ (im Osten). Im Süden der Bundesrepublik ergänzt die ____________ das Netz der Binnenschifffahrt. Ohne künstlich geschaffene Verbindungen aber ist der Transport von Massengütern quer durch Deutschland per Schiff nicht machbar.

Um vom Seehafen Hamburg nach Passau zu gelangen, bietet sich deshalb z. B. folgende Lösung an:
Hamburg (Seehafen) →

____

____

____

____

____

→ Passau
Viele ______________, die sich häufig zu Schiffsbetriebsverbänden vereinigt haben, befördern die Fracht zumeist im ____________________________. In der Regel wird dabei vom Kunden der gesamte Laderaum des Schiffes gebucht. Man spricht deshalb von einer ________-Charterung.
Als Begleitpapier des Schiffers dient einerseits der ____________________, der bestätigt, dass ein Frachtvertrag geschlossen wurde; für eine höhere Sicherheit sorgt dagegen der Ladeschein, weil damit die

Ladung nur an den Empfänger (____________________) oder an eine berechtigte Person (____________________) ausgehändigt werden darf.

Die ________________________, die Kosten des Transports, werden durch die Vertragspartner vereinbart, z. B. nach Raum (_________), Zahl (___________) oder Gewicht (__________).

2 Markieren Sie Ihre in Aufgabe 1 gewählte Route in der Deutschland-Karte im Anhang mit einem blauen Farbstift. Begründen Sie schriftlich, warum Sie diesen Weg zum Bestimmungsort Passau gewählt haben.

____

____

____

____

____

3 Tragen Sie in die folgende Tabelle zu allen Kriterien treffende Bemerkungen für die Verkehrsträger ein.

	Binnenschiff	**Lkw**	**Eisenbahn**
Ladekapazität	______	______	______
Transportgeschwindigkeit	______	______	______
Eignung für Güter	______	______	______
Just-in-time-Fähigkeit	______	______	______
Umweltverträglichkeit	______	______	______
Zuverlässigkeit	______	______	______
Kostengünstigkeit	______	______	______

→ *Situationsaufgabe:*

Sie arbeiten als Fachkraft im Lagerbereich bei einer Spedition in Stuttgart. Für den Auftrag eines Druckmaschinen-Herstellers sollen Sie die Route planen und die notwendigen Schritte ergreifen.

Zehn Druckmaschinen und notwendige Zubehörteile im Gesamtgewicht von 1 200 t müssen innerhalb von drei Wochen vom Hersteller in Heidelberg nach Bremerhaven transportiert werden, wo die Verschiffung für den Überseetransport nach Brasilien erfolgen wird.

4 a) Welche(n) Verkehrsträger wählen Sie für diese Tour (mit Begründung)?

____

____

____

____

____

b) Markieren Sie die von Ihnen festgelegte Tour in der Deutschland-Karte im Anhang in roter Farbe und beschreiben Sie sie hier in Worten.

____

____

____

____

____

c) Welche Begleitpapiere sind für Ihre Route notwendig?

____

____

____

d) Suchen Sie eine Alternativ-Route für diesen Transport und beschreiben Sie diese hier. Tragen Sie diese in grüner Farbe in die Deutschland-Karte ein.

____

____

____

____

____

____

e) Warum sollten Sie immer eine „Ausweichmöglichkeit" zur Entscheidung heranziehen?

____

____

____

____

____

____

f) Mit wem nehmen Sie für die Durchführung des Transports Kontakt auf?

____

____

____

____

▶ Arbeitsblatt 16: Seeschifffahrt

1 Lösen Sie das folgende Kreuzworträtsel durch Bearbeitung des Kapitels „3.5.2 Seeschifffahrt“.

Hinweise: Waagerecht bedeutet von links nach rechts, senkrecht bedeutet von oben nach unten. „ß“ muss durch „ss“ ersetzt werden. „ä“, „ö“ oder „ü“ sind nicht enthalten. Vereinbarungen über internationalen Versand sehen Sie bitte im entsprechenden Kapitel nach.

																	p	
							1		f										
				2							h					m			
					b			3											
					4					5g		i			6		n		
				a									k		l				
						c		e											
									7										
8							d												
											9								
										10					11		o		
														12					
							13												
						14						15							

Waagerecht:

1 Außenseiter (englisch)
2 Schiffe z. B. für Getreide in der Seeschifffahrt
3 Regelung, dass der Verkäufer die Frachtkosten und die Versicherung übernimmt (Incoterm)
4 Entspricht der Lieferungsbedingung „ab Werk“ (Incoterm)
5 Nach diesem Code werden gefährliche Güter klassifiziert
6 Abkürzung für „International Maritime Organization“
7 Kombinierter Verkehr über See
8 Dieser Schein enthält Angaben über Art und Anzahl der Güter, den Bestimmungshafen usw. (norddeutsch)
9 Diese Vereinigung entsteht durch den Zusammenschluss mehrerer Schifffahrtsgesellschaften
10 Das Gut beansprucht mehr Raum als Gewicht. Deswegen wird die Fracht danach berechnet
11 Fließt durch die Schweiz, Frankreich, Deutschland und die Niederlande
12 Der Verkäufer bringt die Ware an Bord und übernimmt die Kosten des Transports bis zum Bestimmungshafen (Abk.)
13 Pauschalentgelt für die Beförderung
14 Ufer des Hafens
15 Wichtiger Zufluss zur Nordsee im Westen Deutschlands

Senkrecht:

a Die gibt es z. B. in der Schule, in der Politik und auch in der Schifffahrt
b Gebiet im Hafen, in dem zunächst kein Zoll erhoben wird
c Vereinbarung, dass die Ware längsseits des Schiffes gebracht werden muss (Incoterm)
d Erhöht die Frachtkosten
e Eigentümer eines Schiffes, der damit Geld verdienen möchte
f Man „mietet“ für die Lieferung einen Anteil am Schiff
g Internationale Vereinbarungen für den Handel
h Bei dieser Klausel muss der Verkäufer die Ladung auf seine Kosten an Bord des Schiffes bringen (Incoterm)
i Der Verkäufer trägt die Kosten bis zum vertraglich vereinbarten Ort des Importeurs (Incoterm)
k Bill of lading (deutsch)
l Er bringt die Güter zum Schiff
m Seeschiffe übernehmen die Ladung von Fall zu Fall
n Stellt als Fluss teilweise die deutsche Grenze zu Polen dar
o Fluss durch Hamburg
p Er übernimmt die Beförderung von Gütern auf dem Seeweg gegen Bezahlung

→ ***Situationsaufgabe:***

Die Druckmaschinen und das Zubehör aus Heidelberg sollen durch Ihr Unternehmen von Bremerhaven aus nach Brasilien verschifft werden, weil der bisher zuständige Verfrachter wegen Zahlungsschwierigkeiten nicht mehr zur Verfügung steht. Da Sie bereits den ersten Auftrag bearbeitet haben, sind Sie weiter für die Betreuung des Kunden zuständig.

2 Der Bevollmächtigte des Herstellers stellt im Rahmen der Auftragsverhandlungen einige Fragen.

a) „Würden Sie mir bitte erklären, wie es dann rechtlich aussieht, wenn wir Ihnen den Auftrag erteilen?“

____

____

____

____

b) „Welche Kosten berechnen Sie für die Beförderung der Maschinen nach Brasilien, wenn wir Sie damit beauftragen?“

c) „Wer haftet für einen Schaden, wenn bei der Umladung in Bremerhaven eine Maschine zerstört werden sollte, was wir doch alle nicht hoffen wollen?“

Arbeitsblatt 17: IATA, Flughäfen, Beförderung

1 IATA

a) Was bedeutet der Begriff „IATA“?

b) Welche Fluggesellschaften können Mitglied der IATA werden?

c) Suchen Sie mithilfe des Internets zehn Mitglieder der IATA heraus.

2 Markieren Sie die elf größten deutschen Flughäfen in der Karte im Anhang mit gelber Farbe und erklären Sie, warum an diesen Orten Flughäfen errichtet wurden.

3 Als Mitarbeiter einer Spedition am Flughafen Düsseldorf sollen Sie entscheiden, ob sich die folgenden Güter, Tiere usw. für den Transport per Luftfracht eignen. Geben Sie eine kurze Begründung an.

a) Eine Flaschen-Befüllanlage im Gewicht von 800 t

b) Ein Elefanten-Bulle für den Zoo in Karlsruhe, Gewicht 1,40 t

c) 400 Kisten Aprikosen, Gesamtgewicht 8,0 t

d) Die Britischen Kronjuwelen für eine Ausstellung in Berlin, geschätztes Gewicht 4,8 kg

e) Das Herz eines Menschen für eine Transplantation, 800 g

Arbeitsblatt 18: Luftfrachtbrief

→ *Situationsaufgabe:*

Für den Transport von dringend benötigten Maschinenteilen in zwei Kisten (Bruttogewicht 200 kg, 1,480 m^3) zur Fertigstellung eines Wasserkraftwerkes in Nairobi (Kenia) entscheidet sich die Wasser- und Sonnenkraft AG, 84032 Landshut, Benzstraße 6, für eine Beförderung per Luftfracht bei LH CARGO.

1 Als Mitarbeiter der Wasser- und Sonnenkraft AG sind Sie damit beauftragt, den nachfolgend abgebildeten Luftfrachtbrief auszufüllen.

Weiter stehen Ihnen folgende Angaben zur Verfügung:

Empfänger:	Waters Ltd. Key Lands Box 4563 Nairobi (Kenia)
Flug:	ab München (MUC), geplant 07:05 Uhr, heute LH 4711/11 an Nairobi (NBO), geplant 14:35 Uhr, heute
Berechnetes Gewicht:	235 kg
Fracht:	634,60 EUR (Mit LH CARGO durch den Leiter-Export vereinbart)
Steuern:	70,00 EUR

Nicht aufgeführte Daten für den Transport brauchen auch im Air Waybill nicht eingetragen zu werden.

Shipper's Name and Address | Shipper's account Number

Not negotiable

Air Waybill
Issued by

Copies 1, 2 and 3 of this Air Waybill are originals and have the same validity

Consignee's Name and Address | **Consignee's account Number**

It is agreed that the goods described herein are accepted in apparent good order and condition (except as noted) for carriage SUBJECT TO THE CONDITIONS OF CONTRACT ON THE REVERSE HEREOF. ALL GOODS MAY BE CARRIED BY ANY OTHER MEANS INCLUDING ROAD OR ANY OTHER CARRIER UNLESS SPECIFIC CONTRARY INSTRUCTIONS ARE GIVEN HEREON BY THE SHIPPER, AND SHIPPER AGREES THAT THE SHIPMENT MAY BE CARRIED VIA INTERMEDIATE STOPPING PLACES WHICH THE CARRIER DEEMS APPROPRIATE. THE SHIPPER'S ATTENTION IS DRAWN TO THE NOTICE CONCERNING CARRIER'S LIMITATION OF LIABILITY. Shipper may increase such limitation of liability by declaring a higher value for carriage and paying a supplemental charge if required.

Issuing Carrier's Agent Name and City

Accounting Information

Agent's IATA Code | Account No.

Airport of Departure (Addr. of first Carrier) and requested Routing

Reference Number | Optional Shipping Information

to	By first Carrier / Routing and Destination	to	by	to	by	Currency	CHGS Code	WT/VAL PPD	WT/VAL COLL	Other PPD	Other COLL	Declared Value for Carriage	Declared Value for Customs

Airport of Destination | Requested Flight / Date | Amount of Insurance | INSURANCE - If carrier offers insurance, and such insurance is requested in accordance with the conditions thereof, indicate amount to be insured in figures in box marked "Amount of Insurance".

Handling Information

SCI

No. of Pieces RCP	Gross Weight	kg lb	Rate Class / Commodity Item No.	Chargeable Weight	Rate / Charge	Total	Nature and Quantity of Goods (incl. Dimensions or Volume)

Prepaid	Weight Charge	**Collect**
	Valuation Charge	
	Tax	
	Total other Charges Due Agent	
	Total other Charges Due Carrier	
Total prepaid		Total collect
Currency Conversion Rates		cc charges in Dest. Currency
For Carrier's Use only at Destination		Charges at Destination

Other Charges

Shipper certifies that the particulars on the face hereof are correct and that insofar as any part of the consignment contains dangerous goods, such part is properly described by name and is in proper condition for carriage by air according to the applicable Dangerous Goods Regulations.

Signature of Shipper or his Agent

Executed on (Date) at (Place) Signature of Issuing Carrier or its Agent

Total collect Charges

ORIGINAL 3 (FOR SHIPPER)

Printed in Germany · Druckhaus Stelljes 01.2002 · IATA-Resolution 600a

2 Nachträglich müssen weitere Teile zum Kraftwerk in Nairobi geliefert werden, die zum Teil Beförderungsbeschränkungen unterliegen.
Wird LH CARGO die Beförderung der Teile übernehmen? Geben Sie Ihre Entscheidung mit Begründung an.

Arbeitsblatt 19: Zoll, Zollgebiet, Zollarten

1 Erklären Sie den Begriff „Zoll“ in eigenen Worten.

→ *Situationsaufgabe:*

Als Mitarbeiter eines Elektronik-Großhändlers in Nürnberg sind Sie mit der Zollabwicklung für importierte bzw. zu exportierende Waren beauftragt. Eine Auszubildende im 1. Jahr ist Ihrer Abteilung zugeteilt und möchte Auskünfte darüber erhalten, ob Zoll erhoben wird.
Begründen Sie kurz Ihre Entscheidung.

2 a) „Die 70 Monitore für den Export nach Monaco sind fertig zum Versand.“

b) „Im Hamburger Freihafen sind die Bauteile aus Japan eingetroffen.“

c) „Bei der Lieferung aus der Schweiz liegen Präferenzpapiere. Was bedeutet das?“

3 Unterscheiden Sie die Begriffe „Wertzoll“ und „Präferenzzoll“.

Arbeitsblatt 20: Zollabfertigung, Außenhandelsstatistik, Dokumente, Carnet-TIR-Verfahren

→ Situationsaufgabe:

Als Mitarbeiter im Lager eines großen Sportartikel-Herstellers (Ski & Fun GmbH, Oskar-Graf-Straße 48, 90768 Vach) sollen Sie 100 Paar Ski des Modells „CARVE Special" an den Großhändler Beat Zwirner in CH-4087 St. Moritz, Am Flügli 24, versenden.

EUROPÄISCHE GEMEINSCHAFT Nr. AV 1171022

1 ANMELDUNG XXXXX

A VERSENDUNGS-/AUSFUHRZOLLSTELLE

1 — Exemplar für das Versendungs-/Ausfuhrland — 1

2 Versender/*Ausführer* Nr.

3 Vordrucke | 4 Ladelisten XXXXX

5 Positionen | 6 Packst. insgesamt XXXXXXX | 7 Bezugsnummer

8 Empfänger Nr.

9 Verantwortlicher für den Zahlungsverkehr Nr. XXXXXXXXXXXXXXXXXXXXXXXXXXXXXXXXXX

10 *Erstes Best. Land* XXX | 11 *Handels- land* | 13 *G. L. P.* XXXXX

14 Anmelder/Vertreter Nr.

15 Versendungs-/*Ausfuhrland* XXXXXXXXXXXXXXXXX | 15 Vers./*Ausf.* L. Code a b XX | 17 Bestimm. L. Code a b XX

16 Ursprungsland | 17 Bestimmungsland

18 Kennzeichen und Staatszugehörigkeit des Beförderungsmittels beim Abgang XXXXXXXXXXXXXXXXXXXXXXXXXXX XXX | 19 Ctr.

20 Lieferbedingung XX

21 Kennzeichen und Staatszugehörigkeit des grenzüberschreitenden aktiven Beförderungsmittels

22 Währung u. in Rechn. gestellter Gesamtbetr. | 23 Umrechnungskurs XXXXXXXX | 24 Art des Geschäfts

25 Verkehrszweig an der Grenze | 26 Inländischer Verkehrszweig | 27 Ladeort XXXXXXXXXXXX XXX

28 Finanz- und Bankangaben XXXXXXXXXXXXXXXXXXXXXXXXXXXXXXXXXX

29 Ausgangszollstelle | 30 Warenort XXXXXXXXXXXXXXXXX | XXXXXXXXXXXXXXXXXXXXXXXXXXXXXXXXXX

31 Packstücke und Warenbezeichnung | Zeichen und Nummern - Container Nr. - Anzahl und Art

32 Positions Nr. | 33 Warennummer XXXX

34 Urspr.land Code a b | 35 Rohmasse (kg)

37 VERFAHREN | 38 Eigenmasse (kg) | 39 *Kontingent* XXXXX

40 Summarische Anmeldung/Vorpapier

41 Besondere Maßeinheit

44 Besondere Vermerke/ Vorgelegte Unterlagen/ Bescheinigungen u. Genehmigungen | **Ausgeführt mit unvollständiger/vereinfachter Ausfuhranmeldung Nr.** **vom** **Ausfuhrgenehmigung vom** **Nr.** **Gültig bis**

Code B. V. XXX

46 Statistischer Wert

47 Abgabenberechnung

Art	Bemessungsgrundlage	Satz	Betrag	ZA
XXX	XXXXXXXXXXX	XXXXXXXXXX	XXXXXXXXXX	X
		Summe:		

48 Zahlungsaufschub XXXXXXXXXXXXXXXXX | 49 Bezeichnung des Lagers

B ANGABEN FÜR VERBUCHUNGSZWECKE

Ausfuhranmeldung

Zollstelle der ergänzenden Anmeldung
Bezeichnung:
Anschrift:

50 Hauptverpflichteter Nr. Unterschrift:

vertreten durch
Ort und Datum:

C ABGANGSSTELLE

51 Vorgesehene Durchgangszollstellen (und Land) | XXXXXXXXXXX | XXXXXXXXXXX | XXXXXXXXXXX | XXXXXXXXXX | XXXXXXXXXXX | XXXXXXXXXXX

52 Sicherheit nicht gültig für XXXXXXXXXXXXXXXXXXXXXXXXXXXXXXXXXXXXXXXXXXXXXXXXX | Code XX | 53 Bestimmungsstelle (und Land) XXXXXXXXXXXXXXXXXXXXXXXX

D PRÜFUNG DURCH DIE ABGANGSSTELLE Stempel:
Ergebnis:
Angebrachte Verschlüsse: Anzahl:
Zeichen:
Frist (letzter Tag):
Unterschrift:

54 Ort und Datum:
Unterschrift und Name des Anmelders/Vertreters:

0733 Einheitspapier (Versendung/Ausfuhr) - III B 1 - **(2005)**

Stiels-Werbedruck · Postfach 2446, D-41311 Nettetal
Poststraße 10, D-41334 Nettetal · Tel. (0 21 57) 12 19-0 · Fax (0 21 57) 13 22 01

Die Ski sind in vier Kisten zu je 25 Paar verpackt und werden mit dem firmeneigenen Klein-Lkw (Kennzeichen FÜ-SF 327) an den Kunden geliefert. Die Kisten tragen die Bezeichnung „S&F“ 1–4 und weisen ein Gesamtgewicht von 1,35 t auf. Der Wert der Ski beträgt 3 250,00 EUR.

1 Ergänzen Sie das Einheitspapier zur Ausfuhr gewerblicher Güter mit diesen Angaben. Fehlende Angaben können Sie frei erfinden oder aus dem Lehrbuch übernehmen.

2 Ski & Fun ist nach INTRASTAT auskunftspflichtig.

a) Was ist INTRASTAT?

______

______

______

b) Warum kann die Ski & Fun GmbH verpflichtet werden, Auskünfte zu erteilen?

______

______

______

c) Wie oft muss Ski & Fun diese Zahlen melden?

______

3 Lösen Sie das folgende Silbenrätsel.

car–dels–er–fah–fak–ge–halts–han–heits–in–klä–net–nis–nis–ra–ren–rung–sprungs–sund–tir–tu–ur–ver–zeug–zeug–zoll

a) Lieferantenrechnung mit Bedeutung für die Zollberechnung.

______

b) Die EU verlangt dieses Papier für bestimmte Erzeugnisse.

______

c) Alle europäischen Staaten und z. B. auch Russland, USA, China, Israel sind Mitglieder.

______

d) Postpaketen für den Export muss diese Bescheinigung beigelegt werden.

______

e) Nehmen Sie Ihren Hund mit in den Auslandsurlaub, dann brauchen Sie häufig dieses Papier.

______

10 Logistische Prozesse optimieren

▶ Arbeitsblatt 1: Logistik

Auf vielen Lkw oder in Firmenbezeichnungen findet sich der Begriff **„Logistik“.**

1 Wie lässt sich dieser Begriff erklären?

2 Da die Logistik – wie andere Unternehmensbereiche auch – dazu beitragen muss, dass das Unternehmensziel erreicht wird, haben die für diesen Bereich verantwortlichen Mitarbeiter im Betrieb dafür zu sorgen, dass (Bitte ergänzen! Siehe Aufgaben der Logistik.)

Die Einbindung der Logistik ist je nach Branche und Größe des Unternehmens unterschiedlich.

3 Beschreiben Sie den Waren- oder Materialfluss in Ihrem Betrieb! Gehen Sie dabei auf die damit verbundenen „logistischen“ Arbeiten in den einzelnen Abteilungen oder Bereichen ein!

4 Ziele der Logistik

Um die Ziele der Logistik erreichen zu können, werden in Betrieben integrierte Logistikkonzepte entwickelt, deren Aufgabe darin besteht, die einzelnen Logistikbereiche so miteinander zu verknüpfen, dass die Logistikleistungen optimiert werden können. Im Einzelnen geht es darum:

▶ *Arbeitsblatt 2: Optimierung logistischer Prozesse*

1 Welche drei Prinzipien bilden die Basis des **Lean Managements**?

2 Erklären Sie den wichtigsten Unterschied zwischen japanischen und westlichen Managementkonzepten am Beispiel des **Kaizen-Prinzips**.

3 Der Begriff **„Totaly Quality Management“** (TQM) umfasst drei Dimensionen.

Ergebniskontrolle:

Null-Fehler-Strategie:

Umfassendes Qualitätsbewusstein:

4 Bringen Sie die Schritte zur Einführung eines Kontinuierlichen Verbesserungsprozesses (KVP) durch Zuordnung der Ziffern 1 bis 6 in eine sinnvolle Reihenfolge!

Analyse der Ist-Situation, Sammlung von Problemen ○

Strategische Planung über Ziele und Rahmenbedingungen ○

Generierung und Umsetzung von Maßnahmen ○

Information und Einbindung der Führungskräfte ○

Controlling, Feedback und Visualisierung ○

Information und Einbindung der Mitarbeiter ○

5 Was ist damit gemeint, dass das **„Warehouse-Management“** mehr umfasst als ein Lagerbestandsverwaltungssystem?

6 Welche Ziele sollen im Rahmen des **„Supply Chain Management“** mit folgenden Methoden erreicht werden? (Bitte Tabelle entsprechend ausfüllen.)

Methode	Ziele	Beispiele
Szenario-Management		
Prozessketten-Management		
Logistik-Management		
Netzwerk-Management		

▶ Arbeitsblatt 3: A-B-C-Analyse

Eine Methode zur Optimierung logistischer Prozesse ist die A-B-C-Analyse.

1 Was versteht man darunter?

____

____

____

____

____

2 Welcher Nutzen lässt sich aus dieser Analyse ziehen?

____

____

____

____

3 Führen Sie die Analyse mithilfe der folgenden Tabelle durch!

Güter Nr.	Anzahl/Stück (Jahresbedarf)	%- Anteil an der Gesamtmenge	Gesamtwert der Güter/EUR	%-Anteil am Gesamtwert	Einteilung in A-, B- u. C-Güter
1	3 000	______	300 000	______	______
2	4 800	______	500 000	______	______
3	9 000	______	120 000	______	______
4	18 000	______	50 000	______	______
5	25 200	______	30 000	______	______
gesamt	______	______	______	______	______

Zusatzaufgabe: Stellen Sie diesen Sachverhalt grafisch dar!

4 Neben der A-B-C-Analyse gibt es die **X-Y-Z-Analyse** von Gütern. Wofür steht das

X:	
Y:	
Z:	

11 Güter beschaffen

Arbeitsblatt 1: Bedarfsplanung

Wie bereits festgestellt wurde, beginnt der logistische Prozess mit der Beschaffung. Bevor in der Einkaufsabteilung Ware oder Material bestellt werden kann, müssen wichtige Fragen beantwortet werden.

1 Zählen Sie diese vier sog. „W“-Fragen auf!

a) ______________________________

b) ______________________________

c) ______________________________

d) ______________________________

Die Ermittlung des Bedarfs hängt von der Betriebsart (Industrie, Handel) ab.

2 Beschreiben Sie, wovon der Bedarf in Ihrem Betrieb abhängt!

____

____

____

In Industriebetrieben stellt sich zusätzlich häufig die Frage, ob die benötigten Teile selbst hergestellt oder von einer Fremdfirma gekauft werden sollen. Die Beantwortung dieser Frage hängt vor allem von den Kosten ab. In einem Industriebetrieb wurden folgende Zahlen ermittelt:

	Fixkosten	variable (Stück-)Kosten
Eigenherstellung	120 000,00 EUR	50,00 EUR
Fremdbezug	0,00 EUR	90,00 EUR

3 Ermitteln Sie mithilfe der nachfolgenden Tabelle, ab welcher Menge sich die Eigenherstellung lohnt!

Menge/ Stück	Eigenherstellung			Fremdbezug/EUR	günstiger?
	Fixkosten/EUR	variable K./EUR	Gesamtkosten/EUR		
1 000	________	________	________	________	________
2 000	________	________	________	________	________
3 000	________	________	________	________	________
4 000	________	________	________	________	________
5 000	________	________	________	________	________

Zusatzaufgabe: Stellen Sie dieses Problem grafisch dar!

4 Die einzukaufende Menge und damit der Lagerbestand hängt von vielen Faktoren ab. Dabei ist es wichtig, dass der Lagerbestand weder zu groß noch zu klein ist. Wenn dieses Ziel erreicht worden ist, spricht man vom sog. **optimalen Lagerbestand**.

Stellen Sie mögliche Auswirkungen eines zu hohen bzw. zu niedrigen Lagerbestandes gegenüber.

Auswirkungen bei zu hohem Lagerbestand:	Auswirkungen bei zu niedrigem Lagerbestand:

Die **optimale Bestellmenge** liegt vor, wenn die Summe der Bestell- und Lagerkosten am geringsten ist.

Beispiel:
Für ein bestimmtes Produkt wird mit einem Jahresbedarf von 1800 Stück gerechnet. An Bestellkosten fallen 150,00 EUR pro Bestellung an, die Lagerkosten werden mit 2,00 EUR pro Stück veranschlagt. Da die gelieferten Waren bis zur nächsten Lieferung verkauft werden, soll mit der halben Bestellmenge als durchschnittlichem Lagerbestand gerechnet werden.

5 Ermitteln Sie die optimale Bestellmenge mithilfe folgender Tabelle!

Anzahl Bestellungen	Bestell-menge/Stück	Bestell-kosten/EUR	durchschn. Lagerbestand	Lager-kosten/EUR	Gesamt-kosten/EUR	Lösung
1						
2						
3						
4						
5						

Zusatzaufgabe: Stellen Sie dieses Problem grafisch dar!

Arbeitsblatt 2: Bestellzeitpunkt

Beim **Bestellpunktverfahren**, wird eine Nachbestellung durchgeführt, wenn der sog. Meldebestand erreicht wurde.

1 Ermitteln Sie mithilfe der entsprechenden Formel den Meldebestand, wenn von folgenden Daten ausgegangen wird:
Tagesumsatz/-verbrauch = 80 Stück, Lieferzeit sechs Tage, Mindestbestand 240 Stück

Variation: Wie hoch ist der Meldebestand, wenn beobachtet wird, dass der Lieferer regelmäßig zwei Tage länger benötigt und der Tagesverbrauch auf 60 Stück durchschnittlich gesunken ist?

Zusatzaufgabe: Stellen Sie das Problem grafisch dar (Ausgangslage und Variation)!

2 Bringen Sie den Ablauf des Kanban-Systems in die richtige Reihenfolge:

1	Entnahme aus den Behältern
	Verladung der Sendung beim Lieferer
	Bedarfsermittlung durch Abscannen des Barcodes auf der Behälterkarte
	Einlagerung der neuen Lieferung ins Kanban-Regal beim Kunden
	Kommissionierung beim Lieferer
	Übermittlung des Bestellimpulses per DFÜ vom Kunden zum Lieferer

3 Für welche Güter eignet sich das Kanban-System besonders?

____

____

4 Das „Just-in-time"-Verfahren ist eine Form der lagerlosen Materialversorgung, bei der der Lieferer gerade zur richtigen Zeit, also wenn das Material z. B. in der Fertigung benötigt wird, anliefert. Das Verfahren funktioniert aber nur, wenn z. B. folgende Voraussetzungen erfüllt sind:

____

____

____

____

____

5 Das „Just-in-time"-Verfahren hat große Vorteile, birgt aber auch Gefahren und Nachteile.

Vorteile:	**Nachteile:**

Arbeitsblatt 3: Wareneinkauf

1 Welcher Vorteil ist **nicht** mit einem EDV-gesteuerten Warenwirtschaftssystem verbunden?

a) Beschleunigung der innerbetrieblichen Informationsströme
b) Es können keine Fehler mehr vorkommen
c) Vereinfachung der Arbeit durch Zugriff auf gemeinsamen Datenbestand
d) Automatisierung betrieblicher Vorgänge (z. B. Bestellvorgang)
e) Nutzung von Auswertungsmöglichkeiten

2 Welche Hilfsmittel stehen bei der Ermittlung von Bezugsquellen zur Verfügung?

____

____

____

____

____

____

3 Welche Aussage zur Anfrage ist richtig?

a) Anfragen sind stets verbindlich.
b) Anfragen können nur schriftlich vorgenommen werden.
c) Anfragen sind eine rechtsverbindliche Willenserklärung.
d) Anfragen enthalten Liefer- und Zahlungsbedingungen.
e) Anfragen dienen z. B. der Einholung von Informationen über das Sortiment des Lieferers.

4 Welche Inhalte sollte ein Angebot des Lieferers auf jeden Fall enthalten?

____

____

____

____

____

____

5 Was versteht man unter folgenden Incoterms?

EXW	______________________________
FOB	______________________________
CIF	______________________________
DAF	______________________________

6 Aufgrund einer Anfrage erhielt ein Großhändler folgendes Angebot für einen bestimmten Artikel:

Lieferer Y:
Listenpreis pro Stück 385,00 EUR, Rabatt bei Abnahme von mindestens 50 Stück = 12,5 %, 2 % Skontoabzug bei Zahlung innerhalb 8 Tagen, Verpackung ist im Preis inbegriffen, Versandkosten pro 10 Stück 44,00 EUR

Sollte der Großhändler bei diesem Lieferer bestellen, wenn sein bisheriger Lieferant 100 Stück zu einem Bezugspreis von 349,90 pro Stück geliefert hat?

a) Führen Sie einen rechnerischen Angebotsvergleich durch!

b) Welche weiteren Überlegungen könnten bei der Auswahl eines Lieferanten von Bedeutung sein? (Qualitativer Angebotsvergleich!)

____

____

____

____

____

7 Bestellung und Bestellungsannahme

7.1 Ergänzen Sie folgenden Satz!

Die Bestellung ist die ______________ ______________ ______________ des Käufers, eine bestimmte Ware zu bestimmten Bedingungen kaufen zu wollen.

7.2 In welchem Fall ist eine Auftragsbestätigung für das Zustandekommen eines Kaufvertrags nicht nötig?

a) Der Bestellung ging kein Angebot voraus.
b) Die Bestellung entspricht dem verbindlichen Angebot des Lieferers.
c) Die Bestellung weicht vom verbindlichen Angebot des Lieferers ab.
d) Die Bestellung trifft verspätet beim Lieferer ein.
e) Das der Bestellung zugrunde liegende Angebot war freibleibend.